大是文化

「価格… 時代のマーケティング

漲價學

「反映成本」不是理由，
怎麼讓消費者同意「我要漲價」？
商學院沒教的漲價學：
東西變貴，顧客更想買。

獲得日本經濟產業省肯定「漲價後顧客依舊買單」的行銷專家
小阪裕司——著
郭凡嘉——譯

目錄

第5章 漲價的最強武器——加上體驗

第6章 找回你失去的營業額

推薦序

創造價值，漲價有理

美國西北大學行銷學博士、政大企管系教授／洪順慶

行銷是「一個為了滿足市場需求，透過交換，創造價值的過程」（見下頁圖）。新冠肺炎（Covid-19）大流行之前如此，疫情肆虐期間如此，疫情結束後也是如此。同樣的，俄烏戰爭之前如此，戰爭期間如此，將來這場戰爭結束後（希望這一天趕快來到）也會是如此。

大多數人不了解行銷學的真諦，誤以為產品開發、推銷、網路直播、網紅名人代言、廣告、社群媒體經營、降價大促銷就是行銷，其實這些都只是行銷的工具與手法而已。

一家公司提供的產品，就是無形的理念加上無形的服務與有形的財貨，必須三者具備才能構成完整的產品。無論這個產品是節能減碳的概念，或是汽

行銷：一個為了滿足市場需求，透過交換，創造價值的過程。

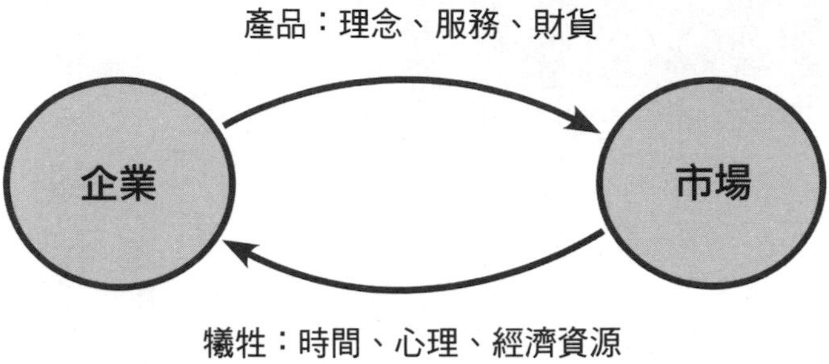

機車駕駛禮讓行人的理念；大、中、小學教育，或是餐飲的服務；服飾、美容保養品等有形財貨。市場上的顧客和消費者為了擁有及使用產品，必須付出犧牲（也就是時間資源加上心理資源、經濟資源）。

換言之，一支 iPhone 手機和三星（Samsung）手機對消費者的意義不同，是因為品牌的無形理念、無形服務、有形財貨都不同，甚至無形的差異大於有形的差異。消費者為了取得和擁有產品的利益，必須先投入大量時間了解商品，在心理上認同品牌意義，才會心甘情願掏錢購買，以享受此一品牌的利益。也就是說，在企業的行銷努力中，消費者不只是取得一支有形的手機，他得到的利益更多，甚至得以提升生活品質；消費者犧牲的也不是只有新臺幣三萬元而已，他付出了更多的時間和心理，投入搜尋資料和比較等無形支出。

有了這個正確的認知以後，才能理解為什麼在當今全面通貨膨脹之下，還會有「漲價學」這樣的觀念和策略做法。簡言之，透過給予顧客更多的無形理念、無形服務（樂趣與體驗）、有形財貨，顧客就會心甘情願回報更多時間、心理投入和金錢，進而提升生活品質和增進幸福感。

如同本書作者提到，在日本失落的三十年裡，很多企業經營者想漲價時會有罪惡感，所以提高售價時經常告訴消費者「因為成本上漲」，「實在撐不下去」，「十（或二十）年沒漲了」，臺灣的情況也不例外。但是除了這一類型的訴苦式訴求以外，企業經營者更應該為顧客創造更高的價值，提高消費者福祉，勇敢的漲價。漲價不是消極的為了解決企業的問題，而是積極的提供消費者更有意義的產品。

本書作者以多年輔導日本企業的豐富經驗，也為了克服業者漲價的心理障礙，書中提供不少實際案例，教導業者認真思考「漲價」不只是拉高定價的問題，而是制定全面性行銷策略後的行為。

前言
漲價非壞事，便宜非好事

物價不斷提升，而且是劇烈上漲。

「進貨的價格已經成為『時價』了」——以網購方式販賣廚具、「Value通販網購」的久保秀太，以這樣的方式形容近期的狀況。

製造商送來的估價單上，寫著：「由於無法預測之後的價格會如何變動，請於每次下單前詢問。」

「勃根地的紅酒和香檳都進不來，陷入進貨價格競爭，採購價已經上漲兩、三成了。薄酒萊甚至上漲了一倍。」——進貨商這麼告訴經營酒店的千葉剛章。

麵粉、飲料、汽油、外食餐費……日本光是二〇二二年七、八月，實際上就有四千項的商品漲價。預計還會有一萬五千個品項的商品漲價。這對一般人的生活來說不僅很困擾，對企業的經營者而言也是個大問題。

這正是新冠疫情之後，社會的劇烈變動。

在這個時期，我主持的「雀躍期待行銷實踐會」中，也有很多企業和店家陷入危機。

不過，這些會員企業對於物價上漲的反應，還是稍微有點不同。物價上漲當然很痛苦，也有許多企業為此煩惱，但這次大家的反應卻相對比較平靜，大都表示：「如果物價繼續上漲的話，就要漲價。」

這或許是因為，很多企業在物價上漲前，就充分理解提升價格的必要，並各自積極準備吧。其中甚至有人斷言：「現在正是調高定價的好時機。」

另一方面，我也滿常針對一般的商務人士和商家演講。這時候，他們對於這次物價上升的反應卻大不相同。除了物價上漲，我也經常聽到這樣的悲嘆：「我們沒辦法再繼續維持一樣的定價了。怎麼做才能降低成本？」、「要是漲價，客人就不會再上門。該怎麼辦才好？」

當我思考當中的差異為何時，突然注意到：「其實日本人不習慣漲價。」

仔細想想這三十年間，日本一直持續通貨緊縮的狀態，價格只有下跌，不會上漲。更之前的年代則是大量生產、大量消費，普遍認為「要盡量用便宜的價格販賣好商品」。換言之，日本人心裡有個根深蒂固的既定概念，就是定價要便宜才好賣。

然而，這樣的觀念究竟是否正確？買賣的本質，難道不就是以「最適當的價格」販賣好的東西嗎？「如果不賣便宜一點，就不會有人來買」，不就等於在說自己的商品只有便宜的價值嗎？

這麼一思考後，就會認為，提升定價才是正確的做法。

不過日本人長久以來都不曾提高定價，不知道如何漲價。又或者說，是忘了漲價的方法吧。因此**本書就是要告訴大家該怎麼拉高商品價格**。

說不定有人認為，本書是要教大家如何可以維持不漲價、盡量降低成本。如果你這樣想，那麼很抱歉，這本書可能無法滿足你的期待。

說得更直接一點，本書就是無關進貨價格和成本，教你提升售價的書。當然，這不是指我們要搭上漲價的順風車，而是希望各位能按照自己提供的商品與服務的價值，來決定售價。

物價不斷上漲的時代已然到來。儘管可能不像現在這樣劇烈，但價格慢慢上升將會成為理所當然。至少，像過去三十年那樣，物價幾乎完全不改變的時代，已經成為過去。我們必須習慣這個價格上漲的時代才行。

以便宜的價格出售商品時，商家經常會用忍耐、努力這類的用詞，宣傳「我們為了顧客，努力防止價格上漲」。這種話固然好聽，我也不否定企業這樣的努力，但這種苦撐的經營，真的能一直持續下去嗎？

讓自己痛苦的企業經營，顧客真的願意追隨嗎？

就算再怎麼樣苦撐、忍耐，物價再度下跌的時代就會來臨嗎？

我甚至要說，這樣的企業經營，真的讓人快樂嗎？

在這個價格上漲的年代裡，不要只是苦撐，而是要回歸到基本的經營概念——提供良好的商品、收取適當的價格，快樂的讓自己的事業成長，並且要讓從中誕生的「價值」，不斷吸引顧客。

如果對許多企業與商家來說，本書能成為這樣的契機，真是我身為作者無上的喜悅。

第1章 真的可以漲價嗎？

1 漲價的跡象，十年前就開始

二〇二二年春天開始，物價上漲非常顯著，這對人們的生活以及各種產業都造成了影響。從二〇二〇年開始的新冠疫情，到二〇二二年二月開始的俄烏戰爭，都在告訴我們，世界正步入了一個劇烈變動的時代。

但在另一方面，令人意外的是，似乎有許多人認為這一波物價上漲，只不過是暫時的。這些人可能這樣想：「只要度過了這段困難時期，物價也會慢慢穩定下來。」

的確，由於新冠疫情造成半導體供貨不足，進而導致供應鏈緊迫，這是其中一大原因。而能源價格的暴漲，則是受到了俄羅斯入侵烏克蘭很大的影響。因此有人認為，只要新冠疫情結束、俄烏戰爭終結，這種成本暴漲的狀況，或許就會穩定下來。

但我不這麼認為，因為物價上漲絕對不是這兩年才開始的狀況。

我至今都還清楚記得一件發生在十年前的事，當時我為了一場演講前往金澤。我非常喜歡螃蟹，只要每次到北陸（按：日本中部地方、日本海沿岸區域，也就是新潟、富山、石川、福井四個縣），就一定會去找有螃蟹料理的餐廳，但當時的價格令我大吃一驚。

隔天我和當地的企業經營者會面時，談到了這件事，才知道個中的理由。據說是因為「**只要有品質好的螃蟹，就會被中國的業者整船買走**」。所以只要螃蟹品質越好，數量就越少，價格也就越高。

當時中國的所得水準上升，在中國出現了龐大的富裕階層和中產階層。這些人有旺盛的購買欲望及消費力，日本「買輸」這些人，落得想買也買不到的狀況。這就是螃蟹價格上漲的理由。

當戰後的日本經濟逐漸復甦時，有些人看到美國影集裡呈現的生活宛如理所當然一般，都在家裡使用洗衣機和冰箱，就被激起消費的欲望。而隨著生活水準提高，人們逐漸富裕起來，這類家電也跟著非常暢銷。

當時中國就出現了和過去的日本一樣的情況。中國的富裕階級和中產階級體會到日本螃蟹的美味後，紛紛被激起了消費欲望：「竟然有這麼好吃的東西啊！」而他們也獲得了購買力，能夠買得起這些東西。

如果從這個角度來看，就會發現日本在很多領域，都已經出現了「買輸」的狀態了。其中的典型就有不動產。根據我認識的一位不動產公司老闆說，越是一級地段的優良物件，就越快被外國的資本收購。

然而，為什麼人們很難察覺這種因「買輸」而導致的物價上漲？因為同時間也有低價商品在市面上流通。比方說螃蟹，同時就有俄羅斯產的便宜貨拉低平均價格，而且進口這些外國貨，也不需要太費力。所以在大致俯瞰整體狀況時，就很難發覺這種因買輸而造成的物價上漲。

換句話說，長久以來都處於這種情況：「好的東西在水面下祕密競爭，但除此之外，乍看之下都沒有什麼變化。」

只不過，之後出現了重大改變。隨著新冠疫情和俄羅斯進攻烏克蘭，突然之間造成各式各樣的商品停止流動、不足、相互爭奪。尤其是燃料和麵粉等，跟許多商品、產品的成本相關的價格，在一夕之間開始上漲。

而日圓貶值又讓這個狀況更為嚴峻。在二〇二一年九月之前，一美元大約是一百一十日圓；但到了二〇二二年七月，一美元已上揚到兌一百三十九日圓了。這代表進口商品的價格在一年之間漲了兩成，而日圓的購買力也下降兩成。

就算戰爭結束，物價也不會停止上漲

在這樣的狀況下，今後「買輸」的狀況仍會持續，不會減緩。而且今後不光是中國，像印度、印尼等人口眾多的國家，富裕階層和中產階級的人口也會不斷增加。

人們都說最能準確預測的，就是未來人口的動態。而這些國家的消費人口將會增加，這是已知的事。如果這些人成為富裕階層和中產階級，購買力當然就會提高。

當然，近期物價上漲確實受到原物料價格暴漲很大的影響，但**最根本的問題，還是在於購買力**。也就是說，就算俄烏戰爭結束了，物價高漲的狀況依舊會持續。

泡沫經濟以來，因通貨緊縮導致的過度反應

在這樣的狀況下，「非漲價不可」的時機便漸漸到來。但這裡又出現一個問題：商家過度恐懼漲價。

自從泡沫經濟崩壞之後，日本在近三十年的時間裡，都試圖抑制消費者物價的上漲。不僅如此，這段期間日本甚至被稱為「緊縮時代」，有許多商品變得很便宜。相信很多人對吉野家的牛丼降價到兩百多日圓的時期，都還記憶猶新。

除此之外，電腦也是典型的例子。隨著技術進步與廣泛使用，價格也隨之下降。換句話說，日本在這三十年間的物價根本是在下跌，但多數人都沒什麼感覺。

由於這樣的時期維持很長一段時間，製造商、中盤商和零售商，甚至是服務業都不習慣漲價。因此大家都抱持著各式各樣的煩惱：「真的可以漲價嗎？」、「如果漲價了，客人或許就不會再上門。」、「就算要漲價，該漲多少才好？」、「該怎麼告訴客人要漲價了……。」

2 好東西都輸往國外，當地人只能用便宜貨

面臨這樣的局面，我們有兩個選項：一是努力維持目前的售價，另一個則是提高售價，以適當的價格販賣商品。

在大街小巷，有時會看到店家貼著紙條，寫著「我們努力堅持不漲價」。為了對抗物價上漲，他們靠壓低成本和提升效率抑制價格。前幾天，我在電視上看到一個節目，介紹某位大企業老闆為了降低成本、維持售價，甚至把自己辦公室的冷氣都關了。

對於這種努力，我真是備感尊敬。但是……預想到今後的物價上漲會比現在更嚴重，這樣的努力，又能持續到什麼時候？

我推薦的選項，當然是**「提高售價，以適當的價格販賣商品」**了。

其中的理由當然是，如果不這麼做，會有許多店家與企業無法經營下去。但不僅如此，我認為，如果只是持續努力堅持不漲價，會阻礙整體經濟發展，日本在世界的地位更會不斷滑落。

不知不覺間，日本成為物價便宜的國家

在二〇一九年新冠疫情到來前夕，訪日觀光客的人數超過前所未有的三千萬人次。東京和各個觀光景點都充斥著外國人，看起來簡直就像是微泡沫經濟。

為什麼外國人會大舉到日本旅遊？其中一個很大的理由，就是「日本很便宜」。

我認識一位住在美國的教授，他說前一陣子去美國的「一風堂」拉麵店吃飯，點一碗拉麵加一些配料，再點一些下酒菜和啤酒，就要價六十美元，大約是八千日圓（按：全書日圓兑新臺幣之匯率，皆以臺灣銀行在二〇二三年八月公告之均價〇．二二元為準，約新臺幣一千七百六十元）。據說美國

的物價在這二十年間漲了大約兩倍，但我光是聽到拉麵的事，就覺得狀況絕對不僅如此。

對這些美國人而言，在日本吃一碗拉麵只要不到一千日圓，簡直就是天堂。更進一步來講，在這幾年的已開發國家中，可以用一千日圓（按：約新臺幣兩百二十元）以下的金額，吃到一頓像樣的午餐的國家，大概也只有日本了。

不僅是美國，歐洲和中國的物價也不斷上漲。我到亞洲各地的度假地區，也實際體會到和以前相比，物價上漲得相當驚人。反過來說，這就代表日本的物價變得相對便宜。

前陣子發表了一項令人相當衝擊的數據，顯示日本的購買力回到五十年前左右。相對於國外，日本在各個層面都「買輸」了。

那麼，今後會有什麼樣的未來？

斯里蘭卡以紅茶的產地聞名，優質的錫蘭紅茶幾乎都出口到國外，當地據說幾乎買不到。同樣的，我們也經常聽說在高級咖啡豆的生產地，居民幾乎沒喝過該產地的高級咖啡。

同樣的狀況也很可能發生在日本。高級商品全部出口到國外，日本國內只流通品質低劣的產品。

實際上，在日本的飯店業界已經出現類似的現象了。先前儘管新冠疫情讓需求大減，飯店價格卻居高不下，甚至一晚要價十萬日圓以上的高級飯店，更陸續開業。這就是因為他們意識到，來自海外的顧客和商務的需求。

我每隔幾年都會到新加坡的大學學習地緣政治學。過去我曾聽教授講過一段話，始終留在我的腦海裡。

當時，教授對於標榜觀光立國、且實際上入境旅遊也不斷擴大的日本表示，這的確是一條正確的道路，但他也說：「如果只是一味追求增加訪日觀光客的數量，這樣的政策方針是錯誤的。」

日本是觀光資源豐富的國家，無論是歷史、自然、文化或食物方面，都擁有很多具有魅力的觀光國必須具備的要素。以東南亞為中心經營的度假飯店集團安縵國際酒店集團（Aman Resorts and Hotels），在審視是否要進入一個國家設點時，列有一些檢討的項目。而全世界也只有日本，滿足了所有的要件。

不過各位如果去京都觀光，就會發現從車站前到神社寺廟，到處都擠滿了人。一般的觀光客也就算了，通常富裕階層都很討厭這樣的氣氛，反而會遠離這些地區。因此像京都這樣的城市，反而要以超高級的飯店為中心，來鎖定目標觀光客群，最好是把焦點放在「要讓他們花多少錢」這一點。這就是那位教授要表達的。

我除了深深認同這一番話之外，同時心頭也浮上了一絲憂慮。因為這麼一來，不就表示日本人已經無法輕鬆的去京都玩了嗎？都市裡最高級地段的飯店，都只有外國人住得起，結果日本人只能去住都市以外的地區了……。

或許各位會覺得我誇張，但我認為這就是日本的轉捩點。也就是說，面對價格上漲的局面，人們是否還是只想著堅持便宜的物價，還是能轉換想法：「以更適當的價格，販賣品質更好的商品。」

如果人們還是堅持前者，那麼日本恐怕會進一步成為「被狠狠殺價購買」的國家。然而任何人都不希望面對這樣的未來，不是嗎？

第2章

消費者的花錢樣貌

1 願意省吃儉用，也肯花錢享受

這裡先整理一下前面提到的內容。日本從很久之前開始，就已經「買輸」其他國家了。但是同時，市面上也流通著便宜的日常用品，而企業也努力抑制價格上升，因此物價上漲並不明顯。

但隨著新冠疫情造成供應鏈斷裂，而戰爭又引發了能源危機，讓物價上漲的狀況在一夕之間變得非常明顯。原本物價暴漲的浪潮，速度還沒這麼快，這下子卻來勢洶洶。

被「便宜就是好」的觀念綁架

在這樣的狀況下，儘管許多企業和店家都認為，提高價格已是不可避免的趨勢，卻仍然無法果斷漲價。這或許是因為很多人都被「漲價是壞事」的既定概念綁架。

如果可以便宜賣，當然是便宜比較好。但如果要提供品質優良的商品，自然就該獲得應得的金額，這是經營的基本精神。

然而我認為，有太多人都被「越便宜越好，就算只便宜一塊錢也好」的想法綑綁。尤其是零售業的人，這種傾向更強烈。如果不能逃離這個「魔咒」或束縛，就無法在價格上漲的時代裡生存。

物美價廉的時代結束了

為什麼日本會陷入這種魔咒？我認為是受到戰後的貧困所影響。

日本在戰爭中吃了敗仗，生活裡總是缺乏日常用品，許多產業都把「將產品與製品推廣到世界各個角落」當成自己的使命。也因此，當時的優先課題，就是無論如何一定要把價錢訂得很便宜。其後，由於大量生產而壓低成本，民眾開始能以便宜的價格獲得優質的商品，生活水準也跟著逐漸提升。

由於前輩們的努力，讓日本達成了被稱為奇蹟的戰後復興。對於這件事，我們實在無限的感激。

然而進入平成時代（按：一九八九年起），社會趨勢很明顯開始改變。人民都可以獲得各種生活必需品，所有人都能維持某種程度的生活水準。這個狀況也就是所謂的「一億總中產」（按：「全民中產階級」之意）。可以說，必需品的售價要盡量便宜的時代已經結束。

但是生意人的想法，卻還是停留在當時。

我長年主持的「雀躍期待行銷實踐會」裡，就有不少成員覺得：「如果漲價的話，會對客戶感到很抱歉。」在前一陣子的講座上，我談到了這個便宜詛咒的話題，回響之大，倒是讓我很驚訝。這讓我重新意識到，真的有很多人被這個詛咒綁架。

當然，這受到前面提到的通貨緊縮很大的影響。日本近二十年間一直持續著通貨緊縮，企業和商家也都表示「盡力了」，並讓價格呈現固定的狀態。或許這就是導致「漲價是不好的」意識，一直持續到今天的原因。

反倒是新進員工薪水年年高升的高度成長時期，當時價格的流動性反而比較高。那時真的是每年、說不定是每半年，售價就會提高一次。但是當時沒有人會批評這樣的狀況，也不會像現在一樣，只要東西漲價，就會當作新聞大肆報導。

消費者願意省吃儉用，也肯花錢享受

這段時間，新聞報導總會出現漲價、物價暴漲等字眼。每當看到新聞臺到超市採訪主婦，她們總會回答：「物價上漲，讓人十分困擾！」、「要更節省度日了。」或許也有很多人覺得：「物價上漲真不是好事。」

但在這裡，我希望讀者理解一件事：消費者擁有兩個不同的面貌。

例如，在採訪中回答「要更節省生活費」，且實際上也都在比較便宜的時段購買生活用品的家庭主婦，卻也很有可能以高價購買自己喜歡的手工藝材料，或者花大把金錢追星，花在自己喜歡的韓國藝人身上。這就是現在消費者的實際樣貌。

也就是說，這裡的節省，其實是「分配預算」的問題。在有限的預算中，

不是節約，而是「分配預算」

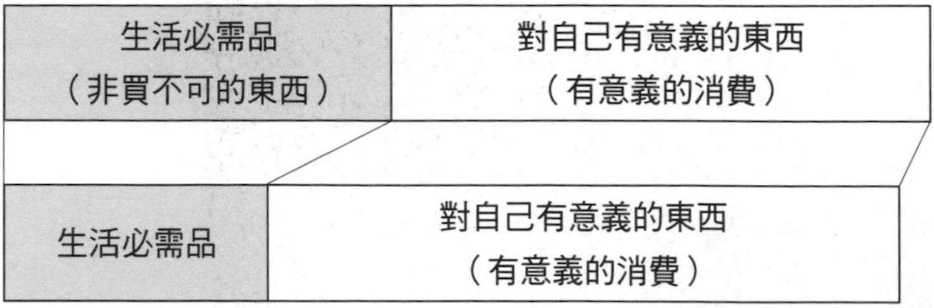

隨著分配預算，即使能花用的總金額減少，但花費在「對自己有意義的東西」上的金額，卻有可能增加。

挪更多金錢到想要分配的事物上，而節省無謂事物的開銷。

就像人的心裡有個開關一樣，這兩個面貌可以一瞬間切換。所以在接受訪問時，主婦們心裡的開關就切換到節儉的一面，因此才會回答：「要節省生活開支。」

相同的，在看民意調查的結果時，我們也應該多注意。

前一陣子進行了一個民意調查，詢問：「物價上漲後，生活是否變得比較辛苦？」、「是否接受物價上漲？」調查結果有過半以上的受訪者表示「生活變得更辛苦了」、「沒辦法接受物價上漲」，但其實一問到是否接受物價上漲的瞬間，消費者的節約開關就打開了。

如果從別的觀點來談這件事，其實對顧客來說，消費永遠都是「痛苦」，這種痛苦會發生在所有人身上。就連股神華倫・巴菲特（Warren Buffett）和伊隆・馬斯克（Elon Musk）這些大富豪，自然也是如此；付的錢較少，痛苦就會減少。當然，東西越便宜，人們越高興。像這種「太貴了」、「希望再便宜一點」的顧客心聲，我們當然應該傾聽，但不能太認真思考。

儘管如此，還是要在「便宜擂臺」上戰鬥嗎？

在這樣一片價格上漲的聲浪中，暫時性的「便宜賣」或許會大受歡迎。實際上，很多連鎖超市的自有品牌也開始廣受消費者喜愛，新聞裡也看到折扣商店中滿是客人。

此外，也有一些公司反其道而行，刻意強打「便宜」的招牌。例如說以前所未見的低價供貨；過去由一名員工處理的工作，會以同樣的薪資，由三位員工來處理等。我在各個領域都聽到這種競爭的情形。

正因為處在這樣的時代，也才有商家判斷要堅持低價。我不否定他們要在這個擂臺上戰鬥的決定。但如果一味追求便宜，最終還是對大企業比較有利。由於大量進貨，就可以將成本高漲抑制到最低限度，或是藉由數位化轉型（Digital transformation），得以大幅降低成本。

然而就算這樣，還是沒那麼容易降低成本。為了要削減十日圓、二十日圓的成本，各家公司都要展開激烈競爭。而且，就算好不容易將售價調降十日圓，接下來又會在調降十二日圓的競爭中全盤皆輸。

別再堅持維持售價了！

我想說的是，如果你要在「便宜」這點上比輸贏，就必須覺悟，你所面臨的將會是圍繞在一元、兩元之上的戰爭。

若是如此，倒不如把目標轉移到消費者的另一個面貌，也就是「即使減少生活用品的支出，也想要買的東西」。

企業藉由各種努力，長久以來試圖抵抗價格上漲。然而到了現在，這樣的努力已無能為力時，就應該捨棄過去所認為的常識。

日文裡的「頑張ります」（努力）與「勉強します」（學習）這些詞，甚至可以用來指降價，而這也證明了在現在社會裡，戰後日本的想法——「好的商品要以便宜的價格，盡量普及於市面」還是相當濃厚。當然，我們必須感謝當年創造了那個年代的先人們，但我們現在不得不跳脫這樣的常識。

也就是要**捨棄「便宜＝善」、「貴＝惡」的常識**。換言之，要做出決定，別再為了維持價格和降價而努力。這是為了因應價格上漲時代所做的開始。

2 只儲蓄不消費？因爲他還沒看到喜歡的

前面曾提到，大概只有日本，能以一千日圓吃到像樣的午餐。在此要介紹一個案例。這個例子是簡餐店「赤羽定食屋 Nou（農のう）」，他們參加了東京都北區主辦的「雀躍期待打造店鋪實踐講座」。

不漲價卻降低品質，真是顧客要的嗎？

店長宮地由加一直認為：「午餐的售價就該在一千日圓以下。」因此一直提供價格在一千日圓以內的菜色。但這次成本上漲的趨勢勢不可擋，宮地表示：「一般遇到價格高漲和漲價潮，我們思考的都是怎麼慢慢漲價，或者是要怎麼做，才能透過企業的努力來彌補，比方說減少商品的量，或者降低品質等實質漲價。在先前疫情造成商品不足以及原物料漲價時，我們不是調漲價格，而是另外收取餐盒容器的價錢等，以獲得消費者的理解。

「但是這次食材漲價，讓我們開始思考『擴大價格帶的範圍』。具體來說，就是提供價格比較高的菜單，讓客人可以品嘗到當季的食材等。」

這麼一來，就能大大跨越這條一千日圓的界線了。

這麼做之後，幾乎所有的客人都選擇價格比較高的當季新菜色。當然，每位顧客的消費金額也跟著上升。而且許多客人都表示：「你們的定食真好吃，絕不會令人失望！」這些反饋都令店家十分開心。宮地說：「我們和顧客的關係也更好了！」

與過去的工作方式相同、勞動力不變，卻能比往常獲得更多利益，店長宮地每天看到客人正面的反應，深有所感的說：「我過去一直認為不能讓客人花太多錢，現在實在不知道這種想法是為了什麼。」

我認為，這個例子恰好充分展現了現代消費者的心理。也就是，不想把錢花在無謂的事物，但如果對自己有意義，就會毫不吝惜的花錢。我把這個現象稱作「有意義的消費」。

或許消費者只想填飽肚子的時候，也會優先選擇便宜的便當。但如果想要吃好吃的菜餚、讓心情變好，或是想要獲得活力的時候，就會光顧宮地的餐廳，享用當季食材製作的美味午餐，這麼一來，心情與肚子都能被滿足。

在前一節，我提到要讓自家的商品，轉變成「即使減少生活用品的支出，也想要買的東西」。那麼，在價格上漲的時代，什麼東西會讓人不吝惜花錢？答案就是有意義的消費。

有些人為了買只是便宜十日圓的日常用品，甚至會跑到隔壁車站的超市去，但如果是有意義的消費，就不會介意一、兩百日圓的價差。只要價格沒有漲得太誇張，這種人不會因為稍微變貴就不購買。

如果能創造出這樣的消費，那麼無論身處什麼時代，都不用擔心。

近幾年來，出現了「資產偏好」這樣的詞彙，讓我們先來剖析一下這個用詞。資產偏好就是把存錢、增加資產視為目的，因此人們即使有錢，也不會在市場上流通。

至於為什麼會出現這樣的狀況，其中的原因就在於「沒有想買的東西」。

金錢本來就是因為能拿來交換其他東西，才有其價值。也就是說，金錢只不過是用來交換物品的工具。儘管如此，人們卻只把錢存起來不花，這也意味著當下沒有想買的東西。

目前日本人的個人資產，以現金儲蓄來講，就已經超過了一千兆日圓（按：約新臺幣兩百二十兆）。據分析指出，就是因為這些錢並未在市面上流通，日本的景氣才無法好轉。

對於這個說法，我認為有一半說出了事實，但還有一半隱藏了真相。我認為現今有一種積極的消費傾向非常強烈：「想要買對自己有意義的東西。」

當然，我們都不想把錢花在沒有意義的地方，如果是有意義的東西，那麼花起錢來絕對不會手軟，甚至會想要積極的消費。這就是近幾年來，其實應該要說是古往今來的消費者心理。

為了喜歡的偶像，花再多錢都值得

前面我稍微提到，近年來蔚為話題的「支持偶像活動」，就是其中的典型例子。

二〇二二年，日本出現了一個流行語「推活」（按：追星、支援偶像的活動）並受到矚目，但其實過去就已經有這種模式的消費行為。

我自己是《星際大戰》（*Star Wars*）的熱衷狂粉，我非常喜歡劇中的角色尤達（Yoda）。我不僅蒐集了尤達的光劍、人偶雕像，還有德魯・斯特魯贊（**Drew Struzan**，星際大戰電影海報的畫家）所畫的尤達畫像等各種周邊商品。以前去美國時，我發現了相當精緻的真人大小尤達娃娃，當然也花錢買了，甚至還用空運寄回日本。看在周遭人眼裡，可能很難理解我為什麼要花這麼多金錢和時間。

讓我再舉一個例子，有一個電玩遊戲叫做《刀劍亂舞》。這裡我省略詳細說明，不過在遊戲裡，有一些名為「壓切長谷部」、「三日月宗近」等，將刀劍擬人化的角色，而且日本各地有許多人支持這些角色。這個電玩遊戲在日本全國掀起一陣刀劍的風潮，一直到今天都還風靡無數玩家。

過去乏人問津的各地寶物館和歷史資料館，也隨著這股風潮，連日出現眾多參觀人潮（主要是去看自己支持的刀劍實物）；而古日本刀復原的群眾募資，也在日本全國募集到四千五百萬日圓的資金（當然是因為遊戲迷們為了自己支持的刀劍而捐款）。奈良的藥師寺睽違十多年公開展示某把名刀時，日本在兩天之內，就有六千六百人趕去參觀。

兩天內聚集了好幾千人，為了想看自己心儀的刀劍，等待了數個小時。而且，有很多人應該是專程為此，花費交通費與住宿費遠道而來。

這裡所謂的消費，無疑就是有意義的消費。而且人們對於有意義的消費更是充滿熱誠。

接下來，通貨膨脹依舊會持續，有人預測消費者的購物意願會不斷下降。不過除了惡性通貨膨脹另當別論，只要不是這種極端狀況，**無論通貨緊縮還是停滯性通貨膨脹，人們都會在有意義的商品上花錢**。

過去曾出現接受生活救助的人買動漫周邊商品，而受到眾人批評。從意義這點來看，這件事非常值得我們深思。

對這個人而言，動漫是他活下去時，擁有非常重要意義的東西，他肯定是辛苦的想方設法，從生活救助金裡攢出錢買周邊商品。如果要否定這一點，就等於是說「接受生活救助的人，不能抱持活著的意義」一樣。

換句話說，**無論有沒有錢，我相信任何人都會想把錢，花在對自己有意義的事物上**，而且也有這樣的權利。人失去了意義就會死亡。

如果你對有意義的消費抱持疑問，我建議讀者可以讀以下這本書，這是「意義治療」（logotherapy）心理學的創始者、奧地利心理學家維克多・弗蘭克（Viktor Frankl）博士所寫的《活出意義來》（*Man's Search for Meaning*），書中描述這位猶太人博士被關押在集中營時受到的遭遇。

維克多・弗蘭克博士在嚴苛的集中營生活中，以心理學家的觀點，冷靜觀察究竟哪些人能活下來。最終他了解，擁有生存意義的人，活下來的機率比較高。身體健康或身形壯碩，這些要素都沒有關係，唯有「是否有活下去的意義」會左右人的命運。

我認為，再也沒有其他書，比這本書更能直搗「意義」的意含了。自從讀了這本書後，意義就成了我人生中的一大課題。

獨立研究者兼作家山口周，在某次演講時，分享了以下這一席話。

如果某一天，有人發明了瞬間移動的裝置，人們可以自由自在的瞬間到達各個地方，世界會變得怎麼樣？這麼一來，就沒有人會買豐田和日產的汽車了，BMW 和賓士也很難說。不過，我想到時應該還是有人買藍寶堅尼和法拉利。

打工存錢，只為了吃高檔套餐

山口周用這個例子說明「有用」和「有意義」這兩個主軸。也就是說，雖然有用，但並非有意義的車子，只是移動的工具，很容易就被更方便的工具取代，最後滯銷。而「乘坐的行為有意義」、「擁有就有意義」的車子，就會持續銷售，這就是有意義的消費。我們的目標，當然就是讓自己的商品成為藍寶堅尼和法拉利了。

但是，這裡為了避免大家誤會，我還要補充一點：我不是要大家針對富裕階層做生意。

前面也提過，**人就算在金錢上不富裕，也會想要從事有意義的消費。**

接下來，我再介紹一個值得深思的案例，這是一家位於東京的餐廳「tinas-dining」（ティナズダイニング）。

這家公司經營的野味料理餐廳裡，有一道名為「愛奴野味套餐」的套餐料理。這道套餐重現了人氣漫畫《黃金神威》（ゴールデンカムイ）中的「奇塔塔普」（チタタプ）料理，客人必須一邊說著「奇塔塔普、奇塔塔普」，一邊剁肉來吃，是非常獨特的菜色。套餐的價格高達八千五百八十日圓，雖然不便宜，但很受歡迎。當然，點這道套餐的人，並非都是富裕階級的顧客。前一陣子，甚至有一對年輕的情侶上門，表示靠打工存了錢來吃，吃得非常快樂。

我認為這就是典型的有意義的消費，而且這種消費也會發生在其他各個交易的場合。這對情侶想必也是縮減日常生活用品的支出，把錢「分配」到這間餐廳吃飯了吧。

「高價商品只有富裕階級會買」，**這種想法是錯誤的。只要對消費者有意義，不管價格再高，他們都會買單。**

有另一個值得深思的例子，反映了顧客將金錢分配到「有意義的消費」的本質，這是一家超市的案例。

當食品超市，創造超出食品超市的附加價值時

這間店位於偏僻的鄉鎮，店鋪面積大約是四十五坪，是過去日本到處都有的小型超市，也是加盟了全國連鎖的連鎖店之一。

這間店在十三年前面臨倒閉危機，因此加入我的實踐會。商圈人口以今天來看的話，大概是八百人左右。店家門前幾乎不會有人車路過，當時他認為在這樣的地方經營超市過於困難，因此決定加入實踐會。

但是三年後，這間店卻以相同的加盟超市品牌，以V字復甦達到前所未有的最高營業額和利潤，之後也經營得非常順利。這間店完全沒有進行任何網路販售、移動攤販、送貨服務，光靠店面銷售，就不斷更新過去的最高銷售紀錄。

其中的理由，就是轉換成以有趣為主軸來經營店面，並不斷的改善。店主會下功夫布置賣場，並且花心思手繪POP（店頭促銷）海報，更親切的與客人對話等，讓客人對店鋪留下好評價：「一想到明天要去消費，就很興奮期待。」

我最近從店老闆鈴木那裡聽到一件事，感到非常吃驚。

前年十一月，在這間店開車約五分鐘左右的距離，開了一間比他的店規模約大上十倍的大型食品超市。

開幕當天，對方大張旗鼓的舉辦開幕促銷活動。其他鄰近的超市，也為了對抗而舉行大特價活動。但老闆鈴木只是看著這一切，既沒有發傳單，也沒有辦什麼活動，僅僅和往常一樣低調的營業、做生意。

當這段預計會受到最大影響的開幕活動結束後，他比較前一年的數字。在開幕前，他預測來客數和銷售額應該短期間內會減少，但沒想到來客數卻是前年的一〇五%，銷售額則是前年的一一二%，不僅沒有下滑，兩項數字反倒上升了。而且就像前面所提到的，至今也都一直刷新過去的最高紀錄。

這究竟是怎麼回事？如果在小型超市附近出現大型超市，一般來說不是會受到影響嗎？

的確，在同為「超市」這一點上，兩者是一樣的。但在「意義」這一點卻是不同的。我們可以從來店顧客不經意的一句話中，聽出這一點。

鈴木說，從滿久以前開始，就可以從客人的對話中，聽到這樣的聲音：

「待會回去的路上，我們去一下超市吧。」

難道這間店就不是「食品超市」嗎？

當然誠如鈴木所言：「儘管我們規模很小，只有四十五坪，但我們店裡有各式生鮮、熟食、日用品、調味料、酒、雜貨，的確是超市沒錯。」不管怎麼看，這也是一間普通的食品超市。他笑著說：「我們店裡的商品中，約有六五％是任何超市都買得到的一般商品。」

但是對顧客來說，卻不只是普通的食品超市。就像前面的例子所述，豐田和日產的車，與藍寶堅尼和法拉利一樣都是「車」，兩者卻大不相同。所以就算附近開了一間大型超市，也完全不受影響。

也就是說，來這家超市購物，被顧客視為有意義的消費，而接收到了「分配」的金額。

顧客會更嚴格審視「錢要花在哪裡」

我在先前的著作《「顧客消滅」時代的行銷》（「『顧客消滅』時代のマー

ケティング」，PHP研究所）中，提到在新冠疫情期間出現的「下意識的選擇」。

二〇二〇年，政府實施居家隔離，限制人們外出的自由。人群從街道上消失，顧客也一瞬間從大多數的企業與店家消失了。其後限制逐漸鬆綁，街上的人潮也逐漸增加。儘管有些店家的顧客一口氣就恢復了，也有些店家的來客數卻沒有恢復到原先的狀態。其中的差異為何？

原因就在於下意識的選擇。各位是否也有一些常去的店，但不知不覺間，就不再光顧了？儘管不是刻意覺得「不想再去」，卻依舊不再光顧。這就是因為對你而言，這間店不是有意義的店家，這是下意識的選擇。

另一方面，儘管在疫情時刻，顧客也絕對不會忘了那些有意義的商家，所以緊急事態宣言一解除，這些店就充滿了上門的顧客。

在價格上升的時代，這樣的選擇會變得更激烈。

日常生活用品的價格慢慢上漲。但另一方面，人們仍想要像過去一樣，把錢花在對自己有意義的事物上。因此他們自然會仔細思考必須買的東西，並避免無謂的消費。

事實上，這是危機，卻也是轉機。

過去能用一百元買到的東西，變成了一百二十元。顧客為了尋找其他更便宜的選項，而搜尋類似的商品，沒想到卻找到了價格一百五十元，但過去從來沒見過的東西。

如果顧客能在這件商品上發現意義，那麼開關一定會被打開，買下價格更高的東西。

進一步來說，由於新冠疫情影響，從某一天開始，人們感覺過去視為理所當然的日常生活被破壞了。接著俄羅斯入侵烏克蘭，讓人們過去以為距離我們很遙遠的戰爭，瞬間近在咫尺。

所有人被迫開始思考這個問題：「自己的人生真的可以這樣下去嗎？」疫情期間，各處開始推行遠距上班，由於人們可以自由分配的時間變多，也加速了這個傾向。

在這樣的情況下，所有人開始認真思考，如何運用自己有限的時間與金錢，也因此會選擇更有意義的事物。也就是說，能提供高附加價值的產品和服務的公司，正搭上了這股價格上漲時代的浪潮。

因此，希望大家重新思考，顧客購買你商品的「意義」是什麼？不光只是因為便宜、因為經常看到、因為很近，而是是否具備了讓消費者更積極購買的理由？

確實傳遞價值，勇敢漲價

如果你重新審視自己的商品和服務，卻找不到「便宜」以外的價值……我說的話或許不太中聽，但這樣下去的話，**你可能無法在價格上漲的時代存活下來。**希望你盡快創造便宜以外的價值。

同時，其實會更快消失的，就是不怎麼便宜，也沒有什麼意義的商品。既不特別便宜，而且附加價值也不怎麼高，這種商品與其說會消失，還不如說人們根本不會想起來。

如果你判斷，自己提供的商品確實有意義，那麼請思考一下，是否明確傳達了那份意義，以及對顧客而言的價值。

許多企業和店家，明明都製造了很好的商品，卻在傳遞自家商品的價值上偷懶。更正確的說，是並未發現自己沒有好好傳達商品價值。結果，導致經常捲入降價競爭的漩渦裡，這樣真的很可惜。

如果能更明確的傳達商品的價值，不僅能維持價格，甚至還能漲價，銷售額也不會下降。

若認為自家商品有價值，就應該勇敢提高售價。

第3章

這些店都成功漲價了

1 給顧客一個無法拒絕的理由

在這次價格上漲的趨勢中，很多不得不漲價的公司與店家，都曾來找我諮詢：「究竟是否該向顧客說明漲價的原因？」以結論來說，當然應該要詳細說明。

諾貝爾獎得主也贊同漲價

接下來，我要介紹一位諾貝爾獎得主的研究。

丹尼爾．康納曼（Daniel Kahneman）教授以行為經濟學理論及展望理論而廣為人知，他同時也是諾貝爾經濟學獎得主。康納曼教授曾進行一項與價格有關的研究，十分值得深省。

在運輸比較困難的地區，會發生生菜數量短缺的現象，此時生菜的批發價就會上揚。因此一顆生菜的批發價，會上漲三十美分左右，售價也會提高三十美分。這麼一來，八成左右的人都會接受這個狀況。

換句話說，**只要有理由，而且該理由是正當的，顧客就會接受漲價。**

另一方面，工廠如果降低生產成本，但價格只下調了降低成本的一半，還是有大約八成的人會接受。也就是說，就算沒有把價格調降到所有節省的成本，很多人還是願意接受。

此外，即使成本下降，但如果選擇了完全不調降售價，也會有大約一半的人接受。他將其稱作「雙權利原則」（Dual Entitlement principle）理論。

從這個研究結果，我們可以得知很多事，其中一項非常肯定的就是：**「只要理由很明確，那麼人們就能接受漲價。」**儘管這是二十年前的研究，但消費者的心理應該沒有多大的改變。

我認為，不應該只是把「因為成本暴漲，我們也是不得已」當作藉口，而要更積極的把重點放在「傳達購買這項商品的意義」會更好。

矗立在顧客面前的「兩道難關」

接下來，我想要介紹「兩道難關的理論」。

顧客買東西時，有兩個必須克服的難題。最初會碰到的難題是：「想買，還是不想買？」接下來的難題就是：「買得起，還是買不起？」難度比較高的，其實是第一個難題。相較之下，第二個「買得起，還是買不起？」的難度可以說很低。

因此，我們首先要讓客人克服第一道難關。為了達到這個目的，就要把商品的價值，也就是將「買這項商品的意義」明確傳達給顧客。只要能讓顧客意識到這一點，那麼關於價格的難度，其實就會降得很低了。

也就是說，在價格之前，先表述價值。在面臨漲價的局面時，也是一樣的道理。傳遞了價值後，要明確的向顧客說明：「因為商品有這些價值，所以值這個價錢。」、「為了要維持這樣的價值，因此我們定了這個價格。」

在此，為各位介紹一個實際案例。這個案例是一間熟食店「Okazuya」（おかずや），他們參加了東京都板橋區主辦的「雀躍期待打造店鋪實踐講座」。

價格會在哪裡起作用？

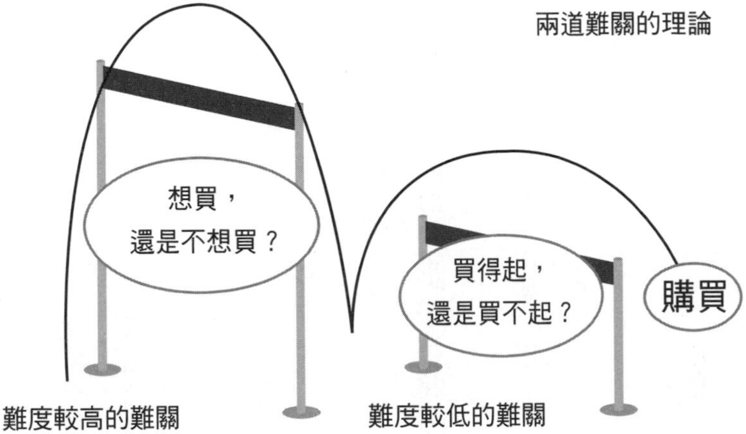

商品上只有價格標籤，怎麼傳遞價值？

這間店在每年十一月，都會販售主廚推薦的燉牛肉，這道菜的製程既耗時又耗工，售價是八百日圓。附近的熟食店和連鎖店裡賣的燉牛肉，定價都相對便宜很多，因此有很大的價差。所以它雖然是主廚推薦的菜色，銷路卻不是很好。

不過這也是當然的，畢竟最初標價上只寫著「燉牛肉八百日圓」這幾個字而已。顧客在判斷價格便宜還是昂貴之前，必須先跨越那道「想買」的難關才行。

因此，他們決定試著傳達商品的價值。店家把標價牌改成手繪POP，並寫著以下的文案：「去除多餘脂肪，慢火燉煮大塊牛肉，花三天精製而成，是本店的推薦菜色。」

只不過是這樣的功夫，就讓許多人跨越了「想買的障礙」，只要克服了這道難關，價格的高低就不會形成多大的障礙。最終，銷售額一口氣達到了例年的兩倍。

滯銷變暢銷，你得告訴顧客商品有多特別

還有另一個例子。在某間超市的鮮魚展示櫃上，有一項商品是「照燒鮪魚下巴」。各家連鎖超市都販售這道菜，但看在商品相關人員眼裡，都覺得這道菜明明很好吃，卻賣得不如預期。

負責推銷的員工直接詢問某間店其中原委後，得到了這樣的答案：「雖然花時間製作，味道真的很好吃，但價格卻……」這項商品的單價是四百日

圓，店家認為這項商品和別的商品比較起來，價格比較高。

那麼接著詢問所謂的「花時間製作」，具體來說是下了什麼功夫時，對方說：「為了要烤魚，得用業務用的烤箱，烤上二十五分鐘。」

但是商品包裝上，卻只寫著價格等最低限度的資訊。於是銷售負責人就製作手繪 POP，上面的標題是：「竟然要花二十五分鐘才能烤好？」並寫上「耐心烘烤二十五分鐘的美味」，在賣場張貼。

這麼一來，慢慢就出現客人停下腳步、閱讀 POP，而這項商品也不可思議的開始從架上消失，瞬間全部賣完了。

就算商品賣完了，架上還是貼著手繪 POP，因此又出現許多客人，詢問「那個魚下巴沒有了嗎？」店家回答：「因為要花時間烤，所以要等二十五分鐘。」而客人也都說：「那我之後再來。」就這樣，原本比預期的還難銷售的產品，就這麼成了人氣商品。

客人對價格很敏感，真的嗎？

相同的例子當然不僅限於食品類而已，我們來看看其他例子。豐田 Corolla 的博多機場榎田店，在同公司的店面裡規模最大。池田晉吾就任了這間分店的新店長後，開始考慮是否能稍微提升每輛汽車來維修的消費單價。

這時，他把眼光放在「汽油添加劑」上。只要把它加入油箱，就能洗淨引擎裡的髒汙，防止引擎功能下滑，也可以降低排放出來的廢氣的汙染程度。它的價格是兩千八百六十日圓，算是衝動消費也還付得起的價格，而且就算在維修當天再追加這個項目，也不會拖長整個維修時間，更不會增加汽車維修技師的負擔。

店長認為這是個好主意，但是在公司內部提案後，卻獲得了這樣的回應：「我們店的客戶對價格沒那麼好說話，他們一定會拒絕：『如果會變貴的話，就不用了。』」的確，店長池田在前一個分店任職時，在那一年的五月就賣出了二十七個汽油添加劑，但這間店只賣出了三個。

儘管如此，他們最後還是決定試試，因此他和店員們開始重新學習這項商品，並設計一套講稿，以便在推銷時說服顧客，甚至還練習了角色扮演。接著，為了要讓客戶對這項商品感興趣，更準備了看板，寫著「今日店裡有汽車的機能營養飲料」，準備要在這一年的六月大力販售。

首先在六月一日到十三日之間，實際開門營業的十一天裡，他們採用了和過去相同的銷售法，結果這十一天總共只賣出一個。

而從六月十六號起，他們設立了前面提到的看板，並開始了預先準備的推銷方式，結果在第一天就賣掉六個。隔天開始，他們還準備了引擎內部的照片、可以簡單明瞭展示清潔效果的道具，結果銷售數量又增加了，在五天內總計賣出五十八個，達到平均一天賣出十一．六個商品的成績。在過去，要十一天才能賣出一個，現在卻成長為一天內就能賣出十一個，實質上的銷售額提升了一百二十倍以上。

池田說：「每次要推銷某些商品時，大家都很習慣採用打折、降價的做法，但這一次我們證明了即使不打折，也可以銷售得更多。」

商品之所以賣不出去，原因不是「客人對價格沒那麼好說話」。

訴求商品帶來的好處，銷售額就提高到七倍

接下來，讓我們來看看單價更高一點的商品，那就是助聽器。

福岡縣柳川市的眼鏡、助聽器商店「眼鏡店野口屋」的緒方幸子，為了促銷助聽器，舉辦了助聽器講座，設法提高業績。

一開始，他們按照助聽器製造商所說的，在傳單上寫著「值得信賴的日本品質」、「簡單更換電池」等推銷文案，以及打九折的字樣，並總共派發了大約兩萬張傳單，結果卻很慘澹。他們總共花了一個月的時間辦講座，實際上卻只有一個人購買。

之後他們再度挑戰自己做傳單。這次他們把重心放在傳達使用助聽器的價值，並且針對講座的目標客群，提出具體訴求：「明明聽不見卻要裝笑、聚會時要反覆詢問。在這些時刻，助聽器就能發揮功效。」針對商品，則是只寫著「我們的助聽器機種齊全」，並未詳細宣傳，同時也取消了折扣。

接著，為了要傳達前來野口屋諮詢助聽器的價值，他們在宣傳用語上寫著「店裡有經過認證的助聽器技術人員」、「從明治十六年以來創業至今，

在當地長久經營」、「現任社長的祖父開始販售助聽器以來的經營理念」等。甚至也列舉客人經常提出的問題，例如「使用了助聽器後，不會變得更重聽（聽不見）嗎」等，並貼上店內員工的照片，寫上回答。

結果，儘管他們印了差不多數量的傳單，但在一個月的講座裡，就總共出現了十三位客人購買。也就是說，這段時間的銷售額是之前的七．五倍。

先不論商品單價，重要的是「是否能傳達商品的價值」。只要充分傳達商品的價值所在，就沒有必要打折促銷了。

二手商店裡，單價較高的商品反而暢銷

接著，我要從稍微不同的角度，舉一個例子。這個案例是二手商品連鎖商店「愛品館．愛品倶樂部」，他們以千葉縣為中心展店。

這間店以社長山岸勇祐為首，各家分店都致力於傳遞商品價值，首先為各位介紹柏市分店的例子。

這家店過去都會在商品上註明品名、價格，以及「〇〇有汙損、〇〇有

磨損過的痕跡」等註解。不只是這家店，其實幾乎所有的二手商店都會這麼處理。

不過，這件店的店長山田新志從某一天起，就開始改變方針。這間店在商品維修方面也下了不少功夫，因此開始特別強調這一點。

例如，他會把「由去汙專家全力修復」的標語，貼在更顯眼的地方。這麼一來，明顯較高價的商品銷路開始變好了。最近他則是會在店裡播放修復商品時的影片，對顧客提出更進一步的訴求。

另一間江戶川分店，也採行了同樣的推銷手法。

店長大藤正義認為，應該很少有人會分解洗衣機並清洗，因此在店面播放整個過程的影片，向客人推廣。

這麼一來，這些洗衣機很快就銷售一空，而且販售的價格比一般的售價還要高出一千日圓到兩千日圓。購買的顧客都表示：「如果做到這個程度的話，就能買得很安心了。」

除此之外，愛品館．八千代分店還有另一個案例。

某一天，有位客人上門，希望店家收購一個冰箱。冰箱的狀態很好，因此接洽的店長鶴丸倫久也認為：「真的維持得很乾淨。」尤其是蛋架和製冰盒等附屬品，都還維持包裹塑膠套的狀態。最終店家判斷商品的狀態良好，就以高價收購這件商品。

光靠包上塑膠套，銷售額高出一倍

這時候店長突然意識到：「我們自己販售的冰箱，附屬品是不是都完全沒有包裝？」

接著，他就急忙的開始用塑膠套包裝附屬品再販賣，沒想到獲得了更多良好反應：「你們家的商品狀態真的很好！」冰箱的銷量和前一個月相比，竟上升了三成左右。不過更明顯的是銷售金額，一瞬間就比前一個月還高出一倍。

銷售額之所以會比銷售臺數提升更多，是因為每臺冰箱賣出的單價提高了。換句話說，能以更高的價格賣出，也代表客人認為那樣的價格妥當。

試著比較這個改變之前與之後的照片，會發現儘管是相同的冰箱，但在改善之後，商品讓人感覺更接近新品。由於客人有這樣的「感覺」，售價也的確能提升，就證明了這是價格的本質。

價格非主角，顧客感受到的價值才是

市面上普遍有一種風氣，認為價格是絕對的。如果商品賣不出去，很多時候人們都會說：「都是因為價格的緣故。」而在設定售價時，一般也會從成本去思考。

但是這不是買賣的本質。就像我們前面看到的例子，所謂的價格會與買方「如何感受其價值」有所連動，非常模稜兩可。

我接下來要說的話非常重要：在從事買賣、各種生意時，價格並非主角，主角是價值。如果顧客能夠感覺有價值，那麼價格就是其次。以兩個難關的理論來說明的話，只要克服了想買的難關後，客人要確認的，就只剩下買不買得起而已。

這裡會跟分配有很大的關聯，也就是指：「現在我想要買的這項商品、服務，對我自己到底多麼有意義？」若是越能感受到這一點，那麼對客人而言，「買不起」的難度就會降低，分配的金額比例也會變多。

當然，也是有些高價品，例如藍寶堅尼和法拉利，不管購買難度再怎麼降低，大概也買不起。這麼一來，結論就是買不起，不過這和不想買還是天差地別。如果這樣的客人因為買不起而放棄，但假設他下個月買彩券中了四億日圓獎金，不就一下子變成買得起了，各位覺得這個顧客是會買，還是不會買？

我必須再次強調，在這裡，決定的關鍵是價值，也就是對你而言，究竟有多少意義。對人們來說，只要是有意義的東西，就算價格超過上億，那個定價也是適當的，因為價格會追隨價值。

老電器行如何打敗量販店？靠顧客熱血應援

在滿久之前，我還在日本經濟新聞社發行的《日經MJ》刊物，撰寫〈攬客招福的法則〉專欄時，介紹了某個地區電器行的推銷方式。這間電器行老闆的興趣是打鼓，他還與朋友組成樂團在當地演奏，也以此為契機增加了許多顧客。

這間店的店名是「高村電器店」。老闆高村喜威在二〇〇五年組了樂團，名稱是「高村電器樂團」，老闆就是這個樂團的團長。

由於商店的名稱是高村電器店，因此這個樂團看起來好像是為了宣傳才組的，但其實並非如此，純粹是偶然。儘管說是興趣，但在此之前，這位老闆已經有十年沒打鼓了，所以一開始演奏，絕對稱不上非常棒。

我在大約二〇〇七年，第一次從他口中聽說這個樂團的事。那時候他們已經在當地舉辦了三次演奏，而去聽演奏的人都說：「啊，如果是那個樂團的團長開的店，應該沒問題。」還因為這種很奇特的理由上門光顧，開始在店內消費。

據說附近也有其他家電量販店，而且高村電器行的價格也稱不上便宜。但是隨著現場演奏的次數增加，客人也隨著增加，還開始積極的消費。

聽說甚至還發生過這樣的故事。一位大約六十多歲的客人，因為想買桌上型電腦而上門。不過這位客人前一年購買冰箱時，在和其他量販店比較之後，由於價格便宜，最終還是在量販店買冰箱。那麼，這次他為什麼來高村電器店？

仔細深談了一下，話題竟聊到了高村電器樂團。據他所說，三個星期以前，他正好去參加當地的活動，看到了樂團表演。而他本人是這麼說的：「要是因為別的地方比較便宜，就去別的地方買，那麼就沒辦法培養出這種文化了。人還是要在自己本地的商店買東西才行。」

距離我在連載專欄中提到這件事，已經大約過了十五年的時間了。最近我又有一個機會能和店老闆聊聊現況，一聽之下，這件事竟有很大的進展。

當時那些客人因為樂團這個契機而來店消費，其後老闆一直和他們維持著良好關係，這些客人也持續向店家購買各種家電用品。

之後，樂團經常受到當地和鄰近的城市邀約，甚至還在當地的有線電視上演出，因此也廣受隔壁城市所知。至於店鋪的生意，還是維持著像每一個城鎮都會有的那種老電器行——現在一般來說，這種行業的經營狀況都比較嚴峻——不過還是維持著穩定的業績。

讓我們把時間往回拉一點，在二〇一八年，我去參加了他們開店七十週年的活動。一般的電器行和商家的週年紀念，大都會舉行週年特賣會，並且想辦法在活動期間提升銷售金額，但是這間店的老闆不一樣。

他認為這是向顧客表達感謝的機會，因此搬走店內所有商品，並舉辦了紀念演唱會，主角當然就是高村電器樂團了。當天有非常多顧客造訪，並獻上祝福的訊息，店面塞滿了祝賀的花圈和花束。

在這前後的期間，儘管店家也沒有特別營造推銷的氣氛，但銷售金額與前年相比，竟然是一六五％。

在社會上，其實也有這樣的價值存在，而價格果然會跟隨價值。

2 認真闡述價值，價格就會消滅

在前面的章節，說明為了要讓顧客接受漲價，重要的是必須傳達商品的價值。

然而，每當我這麼說，在大企業裡工作的人經常會這麼對我說：「如果公司有那種手工師傅的專業技術，也就罷了。像我們公司是做生活用品的，就算要講什麼價值，也說不出個所以然。」

日常用品也有價值

我目前和大企業「明治集團」有合作關係，因此經常有機會接觸到從事商品開發的員工。

例如，明治有一款巧克力名為「galbo」，表面不易融化，拿在手上不會黏答答的，因此在工作或念書的時候，很適合拿起來吃。這項產品為了實現這個特點，需要什麼樣的技術？而當初開發的背後，又歷經了多少辛苦？

或者是名為「美味（おいしい）牛乳」的鮮乳，為了要保持它的「美味」，又下了什麼樣的功夫？這些商品背後都有令人有所啟發的故事。

沒錯，正因為是大企業，正因為是製造日常用品，所以所有的商品都是十分講究或下過功夫的。事實上，越是有許多人參與的企業，背後越有可能沉睡著未經闡述的價值。

如果能傳達這些對客人而言有價值的事，那麼商品的價值就會提升。比方說「在肉眼看不見的地方有所講究」、「商品誕生的祕密」，或者是與商品相關的歷史。其餘的，就是要怎麼找出這些價值，以及如何傳遞出去。

像明治這樣的大企業，一定有相當數量的賣場、商店都陳列著他們的商品，但他們還是會傳遞自家商品的價值。

之所以這麼做，是因為以自家企業來看，儘管有無數個賣場，但對於每一個走到該賣場、看見該項商品的顧客來說，都是一次又一次不同的相遇。

漲價會不會讓客人傷荷包，不勞我們擔憂

我希望大家能意識到一個大前提，就是：有時自以為傳遞了商品價值，但其實根本沒有傳達出去。因此，作為消費者，也不會明白為什麼自己非買這個商品不可。同時，消費者也不會主動問商家：「為什麼我應該買這件商品？」因此我們更要積極的向外傳達商品的價值何在。

這時，麻煩的是躊躇心態，像是擔憂「顧客也有自己的預算」、「要推銷高價商品，是不是有點失禮」等。然而，要把**擔心客人的荷包，想成是一種失禮比較好**。現在的消費者，只要商品對自己有價值，就會願意把錢花在上頭，因此商家只要把注意力集中在傳達價值即可。

本來想處理祖墳，反而花三百萬修新墳

製造方、銷售方如果盡全力傳達商品有多好，會發生什麼事？這裡就有一個例子，闡述了其龐大的力量。有一位上門諮詢的客人，想要處理掉祖墳，

最後卻決定以超過三百萬日圓的預算，建一個新的墳。

這個例子發生在福井縣越前市的石材行「寶木石材」，一開始他們收到了一封電子郵件，來諮詢處理祖墳的事宜。

根據來信者表示，原本獨自住在福井縣的母親過世之後，就沒有人住在那裡了。來信者自己住得比較遠，如果今後要掃墓，會非常辛苦，因此想要把墓處理掉，也想要脫離福井的神社與檀家（按：每個人從出生到搬遷、死亡，都要向所屬寺廟申報登記，不可以擅自脫離的制度）。

這時候，寶木石材的老闆寶木幹夫，首先打聽了寺廟名與墳墓的場所，並到現場實際確認。之後再請這位來信者回老家整理時，順道來店裡一趟，再實際討論。

所謂的「遷墓」、「把墓處理掉」，就是把墳墓解體，並把那塊土地恢復成空地，最近有很多人都會這麼做。日本很多業者也會提供之後陸續的祭祀等服務。

儘管如此，為什麼這間公司不乾脆接受處理墳墓的作業？原因在於這間公司的原則。他們會徹底與委託人討論，並針對狀況，從專家的角度來判斷，檢討各種可能性，包含「是否能把墳墓留下來」等，最後再提出一個客戶能接受的結論。

實際與委託人面談時，寶木會提出自己對墳墓的想法、遷墳或處理墳墓時實際遇到的經驗、問題點等。通常會遇到的問題，都是例如「會與老家這邊的親戚、朋友的關係越來越疏離」、「對孩子和孫子來說，就沒有鄉下老家（父母、祖父母的故鄉）可回了」等。透過這些談話，述說把墳墓留下來的意義與是否必要。此外，他也會提出幾個留下墳墓的方案。比方說，當事人沒辦法來這邊掃墓時，可以拜託這裡的親戚和友人等。

前前後後就算要花上一、兩年，他也會慢慢的花時間，極力主張其必要與重要性，直到找出委託人可以接受的方案為止。

闡述價值後，價格消滅的瞬間

這麼一來，這件事竟然朝著他意料之外的方向發展。

在持續與委託人電子郵件往來的過程中，委託人的女兒與女婿也加入談話，但女兒們發現，自己根本沒有參與過處理墳墓的討論。

女兒們認為，還想要保留自己雙親故鄉的祖墳，以及與親戚之間的關係。寺廟方也表示如果能留著檀家，那麼在真的沒空掃墓的時候，他們也答應願意幫忙清掃。寶木石材行也提案可以代理掃墓、用 Zoom 等軟體進行「線上掃墓」等付費服務。除此之外，在當地的親戚也表示，願意幫忙繼續維持這座墳墓。

提案進行到這裡，非得處理墳墓的理由就消失了。

這麼一來，既然要留下墳墓，談話就開始朝著「安放遺骨之前，要不要改建」的方向前進，最終案主作出了建新墳的決定。

原本想要放棄的東西，沒想到這下子轉換成花三百萬日圓重新買一個新的了。問題已經不在於是昂貴還是便宜。

畢竟原本已經想要放手的東西，就表示對這個人而言，它已經沒有維持的價值了。刻意用價格來表示的話，那就是「〇」，而這個價格最終變成「三百萬」。在這裡，價格已經完全消失了。

而產生這個結果的關鍵是什麼？

老闆寶木先生列舉了好幾項，例如說服的必要性，以及不要一直強調不能做的事，而是和委託人一起思考可以做什麼事等，我認為這些都很重要。

不過除此之外，我還認為有一點很重要，就是他沒有試圖推銷新的墓。他只是真摯的、全心全意的向客人說明墳墓的價值而已，因為他本人就是打從心底這麼認為。為了這一點，他做了所有自己能做的事，這就是產生巨大轉換的最大關鍵。

之後，案主舉辦了可喜可賀的開光供養儀式，新的墳墓正式啟用。委託人夫婦與女兒、女婿、孫子們睽違了好久，再次回到老家過夜，度過了幸福的時光。聽說他們為了之後回來掃墓時，可以在這裡宛如度假一樣的度過，因此也保留了老家，當作家族的別墅使用。

花時間培養商品

傳遞商品有多好非常重要。但如果你認為短時間內，無法將價值傳遞出去，那也是不爭的事實。剛才我提到的寶木石材行的案例也是如此，幾乎沒有人會在首次的商談，就出現如此大的轉換。如果當時寶木老闆很心急，一定不會出現最終的結果。

先前那個「樂團」的例子——高村電器店，也有這樣一段佳話。

老闆高村平常就會利用電子報（newsletter）和社群媒體，與客人培養深厚感情，最近他透過這些方式訴求的商品，就是「便攜式電源站」。

他最近迷上戶外活動，喜歡一個人去露營，因此想要把自己覺得很棒的商品推薦給客人。其中他最推薦的，就是去露營時也能用的便攜式電源站，價格是四萬和七萬五千日圓。這個價錢並不便宜，但是他當然也沒有打折。

他透過電子報和社群媒體，推薦了好多次這項商品，傳達商品的魅力。剛開始實在沒收到什麼反應。儘管如此，他還是換了方式、換了商品，並持續的傳遞資訊。

直到第十個月的時候，終於賣出第一臺，接下來又賣出了好幾臺。

像這樣花時間傳達商品的用處，最終達到提升營業額的目的，經常被我和我的會員企業稱為「培養商品」，例如培養便攜式電源站、培養咖哩麵包等。以這個便攜式電源站的案例來說，花費的十個月時間，就是所謂的培育期間。

與此相反的態度，經常能在各處的零售業現場看到。開發了新商品之後，就放到市面上流通，接著看了第一週 POS 等的數據，然後光憑數字就認定「看起來失敗了」、「比預期賣得還差」，最後就放棄了。

要傳遞價值，需要花時間，因此希望各位積極推廣自己覺得「有價值」的商品和服務。

或許有些現實狀況讓你沒辦法這麼做，但說不定只要再花一個月培養那項商品，就會出現爆炸性的熱賣，更或許有可能成為長時間暢銷的商品。

在本章中，我們以「價格會追隨價值」為前提，討論該如何傳遞商品的價值。但相對的，很多企業過去只是針對價格訴求。不僅如此，甚至有很多人可能沒有意識到這一點，長久以來，就只是在商品上貼上價格標籤就結束了。

接下來必須改變這項意識，首先就要從傳遞價值開始思考。說得極端一點，如果能夠闡述價值，就算不寫價格，商品還是賣得出去。事實上，也有很多企業累積了許多這類成功案例。

只要成為有價值的商品，價格就會消滅。

第4章

我該漲多少錢——別看市場，看人

1 從成本設定價格？落伍了

真是不好意思，接下來我又要聊《星際大戰》的話題了。我在我的辦公室裡擺了好幾支光劍。光劍是《星際大戰》的主角們使用的武器。當然，我辦公室裡的東西都是複製品，但是做工非常精細，價格也隨著物品而異，大多數落在十幾萬日圓左右。

我心中的光劍，你眼中的鐵棒

然而，對《星際大戰》完全沒興趣的人而言，這不就是單純的鐵棒嗎？就算降五萬日圓也不會想要，甚至即便免費贈送，可能還有人拒絕：「這太占空間了，我不要。」

但是對我來說，十幾萬日圓是很恰當的價格。尤其上面如果有星際大戰演員的簽名，那麼就算價格再高，都算是合理的。

說到這，我還有一個日式茶杯，上面畫了《星際大戰》的插畫。當然，星際大戰裡的主角不會用什麼日式茶杯，但我還是買了。我忘了當初購買的價格，不過好像只要幾百日圓，這個價格低到讓我覺得很抱歉、簡直像是占了便宜一樣。

我想，在百元商店裡，應該也能買到那一款日式茶杯，但我還是覺得當初購買的價錢很划算。

在這裡，我想說的是：「價格就是如此模糊不清。」對某些人來說，一百塊都嫌貴的東西，但對某些人來說，一萬元都覺得便宜。如果用「價格就是很浮動的」來形容的話，說不定很恰當。

我相信對每個人來說，都有一些物品，它的存在就像《星際大戰》之於我一樣。對鐵路迷來說，限定的鐵路周邊商品一定很有吸引力；喜歡偶像的人，為了買到偶像演唱會的門票，說不定多少錢都願意出。

我以前就很喜歡去跳蚤市場之類的地方閒逛，每到這種地方，就更能感受到價格是浮動的這個道理。此外，近幾年來流行的拍賣網站，經常一出現某些契機，價格就會暴漲或暴跌。有很多人都批判這類網站的存在，但從由供需決定價格這點來看，這的確就是買賣的本質。

我們要意識到一點：所謂的價格其實很曖昧不明。這就是我在這一章，想要說的定價的起點。

價值的公式

那麼，所謂的價格是什麼？畢竟價格會跟隨價值，因此考量定價的時候，我們不應該思考價格本身，而是要思考價值。

接下來，就要請大家看看以下這個公式。相信這個公式能讓各位在思考時有些頭緒，這就是「價值的公式」（請見下頁圖表）。

「Performance」（P）指的是性能、工作績效等，不過這裡我要採用更廣泛的意思，把「感受性、情感上的意義」也算進去。例如對我而言，光劍完全沒有任何性能可言，卻擁有很高的價值，也可以說它的「P值很高」。

價值的公式

$$V = \frac{P}{C}$$

V=Value（價值）
P=Performance（性能、情感上的意義）
C=Cost（購入的成本、花費的功夫等）

另一方面，成本（Cost）雖然是指價格，但是也包含了購買時必須花費的時間、精力等功夫。

而把「P」除以「C」，也就是把性能除以成本，就是其價值。

例如，有兩臺性能相同的電腦，其中一臺價格是十萬日圓，另一台是十五萬日圓，那麼就是十萬日圓的電腦價值比較高。反過來說，如果兩臺電腦的價格都是十萬日圓，那麼當然是「performance」比較高的電腦，對顧客來說更有價值。

換句話說，如果想要提升產品的價值，要不是降低成本，就是提升性能，一定要達成其中一項。

這裡有一點很重要，價值不光只是受

「C」（成本）所影響，也會大大被「P」左右。而且在今天的社會裡，「P」不再只是性能這種簡單的概念，還要包括像光劍帶給星戰迷的「感受上的意義」。

在思考價格時，希望各位務必把這一點放在心上。

從成本決定價格，已經落伍了

那麼，當你決定某項商品的價格時，都以什麼基準來衡量？最普遍、一般決定價格的方式，恐怕就是由成本和進貨價來決定。

製造商通常會將製造成本設定在三〇%左右，比方說如果一個產品的成本是一千日圓，就會設定三千三百日圓左右的價格。而零售業進貨了這項商品，就會再加上三五%作為售價販售。

但是，「三〇%」、「三五%」這些數字，很多時候都沒有明確的依據，只不過是根據過去的經驗法則，為了要獲利而調整，最終落在這個數字上。

我在二十多歲時，曾經在販賣女性服飾的公司上班，當時的價格設定就是完全靠採購的經驗。通常會在進貨價之上加上三五％作為定價，但如果覺得這項商品定價低一點，或許會賣得更好，就會設定成二〇％；相反的，如果考量到銷售的風險，就會思考：「那設定四〇％好了。」大多數都是像這樣來定價。

在一開頭，我想要說的是，像這樣由成本來決定的定價方式，已經不符合現在這個時代。更正確的說，由成本決定價格是「大量消費時代」的做法。分擔生產與流通，並累積各個工程所花費的成本，也就是所謂的「累積成本」的定價方式，是非常工業社會的思維。而這種思維的背後，或許就是為了設法降低各項製程步驟的成本，並盡量把最終售價壓到最低的思維。

這的確很有道理，是一種以生產者、賣方為本位的思考模式。

以一般消費者為對象銷售，在世界上第一個制定了定價的，據說是越後屋（今天的三越），而在這之前，價格想必是更為浮動的。

以前很有可能會出現以下狀況，「因為他每次都來跟我買，所以就算他這個價錢」或者「今天已經賺了不少了，下一個客人就算便宜一點」。說不定價格就像這樣，還會隨著心情而變動。

事實上，製造者也不會每天都以相同的價格買進原料，因此如果把這點考量在內，價格應該更有流動性。

直到今天，到了阿拉伯的市場，那裡的商品也都沒有標價，客人和老闆會毫無止境的講價。據說他們會一邊喝茶，花上三十分鐘、甚至一個小時交涉。或許有人會覺得這樣實在太浪費時間，但我認為這就是買賣的原點。

將價格從成本解放

我想問各位一個問題。一開始我介紹了《星際大戰》的周邊商品，那麼製造與販賣《星際大戰》周邊商品的公司，真的是從成本開始計算，來決定價格的嗎？

當然，定價的基準說不定是，依據付給盧卡斯影業多少版稅，所以至少要設定這樣的價格。但如果只是討論成本，那麼光劍會是多少錢？相對於其價值，想必非常非常低。若要說日式茶杯的話，那更是只要幾百塊日圓、甚至更便宜。

但是，不會有人針對這一點說：「成本明明這麼低，卻賣這麼貴，實在太奇怪了。」因為消費者不是把這些東西視為鐵棒或茶杯才買的，大家都是因為這項商品擁有價值——「想要把星際大戰的世界觀放在自己身邊」，想要有意義的消費而買的。

換言之，我想說的是，在設定價格時，不必從成本開始思考。就算成本非常便宜，但只要對購買者來說有充分的價值，就算定價超乎常人的想像，那也沒關係。

就算成本只有一百日圓，但只要對客人來說有相當的價值，那麼就算定價一千元也無所謂。如果要問，這是對誰來說覺得無所謂，答案當然就是「對顧客來說無所謂」。

該定價多少，不必和同業比較

除此之外，大家在決定價格時，經常犯一個錯誤，那就是和其他公司相比，想要設定相同的價位。

在設定定價時，很多人都會調查同業其他公司的商品和服務的價位，這件事本身並無大礙。問題是，把定價設定得與其他公司相同，或者設定得更便宜一點，這樣的想法正好證明了，商家被「不便宜就賣不出去」的舊有常識綁架。

在這裡，我要再次提到先前介紹的野味料理餐廳「tinas-dining」。這間餐廳過去曾以兩千八百日圓的價格，提供以野豬肉烹調的火鍋「牡丹鍋」。之所以會設定在兩千八百日圓，是因為他們研究附近的店家，發現火鍋料理的價格上限，大概在這個金額左右。

但是在當時，他們為了要壓低價格，卻沒辦法使用真正想用的食材。由於還是想要盡量做出好吃的料理，因此成本就變得很高。

之後店老闆林育夫在我主持的講座學習之後，對買賣的意識也有所改變，同時他還找到了廣島生口島出產的野豬肉。這是一種吃柑橘長大的野豬，肉質帶有些許柑橘的味道，也就是「橘子豬」。

他剛開始是從零售商那裡聽說這種豬肉。生口島有廣大的橘子園，野豬會侵入園裡，搗亂農作物，吃掉橘子。據說野豬非常喜歡橘子。

這種豬肉非常美味，根據獵人所說，肉質帶有柑橘的味道。不過因為肉質的顏色帶著黃色，看起來賣相不太好，因此相較其美味，反而在市場上不太受歡迎。

老闆聽到這個狀況後，非常想在自己的店裡提供這種豬肉，因此就進了貨。趁著這個機會，他設定了三千五百日圓的價格，沒想到竟成為暢銷商品。此後，他又提高售價到三千八百日圓，結果賣得比之前更好了。聽他說，這個料理一年能夠賣出超過一千三百客。

也因此，他突然意識到，自己過去是如何被困在「不便宜就賣不出去」的框架裡。

在這之後，他又推出了很多高單價的料理，但顧客平均消費額卻不斷提高。當初顧客平均消費額大約在五千日圓左右，但自從做了改變之後，數字已經突破兩倍，到達一萬日圓了。

和同業削價競爭，不如拉高價格

不考慮成本，不向同業其他公司看齊。要說這意味著什麼，就是這兩項都是「從顧客認為的價值來思考價格」。

這樣的定價方式，對很多人來說，或許有如翻天覆地一般的想法，本來以為是頭頂的天空在動，但其實是腳下的地球在動，彷彿是從天動說突然變成了地動說一樣。

這也就是所謂的**「不要看市場，要看人」**。

另一方面，如果和其他同業相比，就是相互競爭市占率的角度了。過去的行銷教科書中，都會俯瞰「市場」，並告訴大家要採取什麼樣的競爭戰略，以擴大市場。當然這個角度也很重要。但是說到底，市場是由每位顧客的行動創造出來的，我們絕對不能忘了這一點。

當我在演講中提到要看著人的話題時，也會有很多人說：「的確，我都沒有觀察顧客。」由此可見，實際上這種人還滿多的。也就是說，觀察顧客非常重要，但很多人沒有做到。

為什麼這件事非常重要？因為唯一能創造銷售額的，就是顧客。

聚焦於顧客

長期以來，我一直主張要看的不是商品和服務，更不是其他競爭公司，而是自家的顧客，也就是人。其中的原因，並不是「珍惜客人」這種虛無飄渺的理由，而是更明確的事實，那就是只有人的行動會創造銷售額。

例如像「tinas-dining」這樣的餐飲店，就必須靠著客人想出門，實際上門光顧，坐到位子上點餐、進食，在離開的時候買單，才會產生銷售金額。這一連串的行動，是創造銷售額的唯一方式。

無論你的料理再怎麼講究，如果客人不「上門」、「點菜」、「吃東西」、「買單」，就沒有銷售額。

所以我們必須看著這一連串行動主體的客人才行。我將其視為把焦點放在人身上，要經常注視著人，並以「聚焦於人」的用詞來表達，但我認為這是做各種生意時基本中的基本。

所謂的價格，和客人的購買行動有非常深的關聯。
所以要看價格，也要看客戶，必須從顧客的觀點來思考才行。

2 內部參考價格——顧客覺得這個值多少？

不思考累積而來的成本，不和其他公司比較，而是從顧客的觀點來定價。聽完這番話，想必各位會想：「那麼到底要怎麼決定價格？」

我在這裡想要提出一個方針，那就是「內部參考價格」。

內部參考價格，就是顧客覺得值多少錢

所謂的內部參考價格，指的是顧客心中的價值。它是消費者在判斷商品價格是否適當，以及商品有多少魅力時心中抱持的基準，也是從記憶中回想起來的價值。

如果這個內部參考價值與實際的價格相符，就是適當的價格。如果實際價格比內部參考價格低，消費者就會覺得便宜；而比內部參考價格高的時候，就會覺得貴。

內部參考價格有很多種，根據慶應義塾大學商學院教授白井美由里的研究，總共可以分為以下九種（《消費者的價格判斷機制》〔消費者の価格判断のメカニズム〕，千倉書房）。

①公正價格：考慮到製造商的成本時，被認為是最公正適當的價格。
②保留價格（最高承受價格）：如果比這個價格再高，就會讓顧客覺得太貴。
③最低承受價格：如果比這個價格低，就會覺得一定是商品的品質不佳。
④期待價格：這是人們會預想「現在差不多是以這個價位販售」的價格。
⑤最高觀察價格：過去觀察到的價格中，最高的價格。
⑥最低觀察價格：過去觀察到的價格中，最低的價格。
⑦平均觀察價格：過去觀察到各式各樣價格的平均數字。
⑧一般價格：人們會預測「通常一般都以這個金額在販售」的價格。

⑨購入價格：過去自己支付過的價格。

顧客會「擅自」判斷價格，要拉高比較的基準

前述①到④，是顧客的期待與願望。而⑤到⑨，則是以過去的經驗與市場價格為基礎。這件事顯示出，顧客會從自己的記憶中「擅自」判斷那項商品和服務的價格是否適當。他們會根據過去的經驗，認為：「哎呀，好像有點貴！」、「哇！好便宜！」、「嗯，跟以前差不多。」

所以乍聽之下，我要說的話好像和之前的相互矛盾，但其實我們還是必須了解同業商品的市場價格，因為這的確會影響人們的內部參考價格。

但接下來的事才重要。儘管顧客會擅自和過去的經驗比較，來決定價格是否適當，但比較的對象卻可以置換成其他東西。

例如在決定泡麵價格時，我們會想要和同行其他公司的泡麵比較。但假設我們自家的泡麵，雖然也是速食麵，卻重現了拉麵店的實際風味。這麼一來，比較的對象就不再是其他泡麵，而是實際的拉麵店了，就算把價格訂在

七百日圓，也會有顧客認為：「比起去拉麵店吃，還是便宜。」

或者是一本書中，統整了外面聽不到、價值十萬日圓講座的所有內容。這樣的話，即使這本書的定價是兩千日圓，一旦人們知道裡面有價值十萬日圓的內容，也會覺得便宜。

如果能用這樣的思考模式，就大大擴張了價格的可能性，不需要在意競爭的同行，也能充分獲得利潤，制定適當的價格。

每當我提到內部參考價格時，經常會有人說：「我怎麼可能知道顧客的心裡想什麼。」關於這一點，我會在第五章說明。但在這裡，我希望大家先思考一件事，請務必先自己設定好，希望顧客拿什麼東西和自家商品比較。

超市的餅乾定價，轉變為百貨公司的售價

接下來要介紹的案例，成功活用了內部參考價值，這是北海道十勝地方的超市「Daily Shop Yamamoto」。

店老闆山本順一在吃到了某間製造廠商的杏仁餅乾後，覺得餅乾的品質

非常好，但遺憾的是包裝不怎麼樣。他認為如果能把包裝換得更有質感，一定能暢銷，因此覺得非常可惜。

順帶一提，這項商品的推薦零售價是兩百五十八日圓。但老闆判斷：「商品本身真的很棒，如果是放在百貨公司賣的話，賣五百日圓都不嫌貴。」因此他手繪了POP廣告，訴求：「百貨公司等級的美味！」、「擁有五百圓的價值！」並把價格定為兩百九十八日圓，這個價格就高出推薦零售價了。

結果，他這麼做之後，餅乾竟然爆發性的暢銷。儘管店面只有二十三坪，但在山本所屬的所有連鎖店裡，就屬北海道賣得最好。

從這個例子來看，只要把內部參考價格，從超市的餅乾換成百貨公司等級的甜點，就能以更高的價格銷售。

對零售業來說，這個例子還有另一個很大的啟示。

通常零售業不能對商品做些變更。對於進貨的商品，經常會覺得：「這種東西怎麼賣得出去嘛！」、「要是這樣做，明明就能賣得更好。」

儘管如此，只要能活用內部參考價格，還是能下一點功夫。

例如在這間店裡，幾乎所有的商品都持續的漲價，但來客數和銷售金額也不斷上升。在市面上一片物價暴漲的騷動中，老闆山本甚至斷言：「如果要漲價，就要趁現在！」

說實話，光看店面外觀的照片，實在是一間普通店鋪，人們從門前經過，也不會覺得有什麼特別，店鋪的面積也很狹窄。但現在卻是從整個十勝地區，都有客人要來光顧的人氣商店。

若要探究原因，就是因為老闆特別挑選的商品，讓上門的客人每天都過得很充實。來這家店消費成了非常有意義的事。

逛寢具店堪比去迪士尼樂園

另外，我還想舉一個非常特別的例子，就是「內部參考價值是迪士尼樂園的寢具店」。

在大分有一間名為「ITOSHIYA」（いとしや）的寢具店。店面理所當然陳列著各式棉被，但不僅於此，裡頭還擺了各式各樣的生活雜貨和家具，甚至還下了功夫、讓來逛的客人感覺有趣。這間寢具店讓客人從上門的那一刻起，就感到很開心。

某一次，店老闆大杉天伸從客人口中聽到這一席話。這家人每年都會為了去迪士尼樂園存一筆基金。但因為去「ITOSHIYA」比去迪士尼樂園更好玩，所以他們一家把迪士尼基金，改成了 ITOSHIYA 基金。

聽到這裡，我不禁在想：「他們一年想要在 ITOSHIYA 花的內部參考價格，已經不是寢具店的標準，而是主題樂園等級的了！」

對於住在九州的一家四口而言，要去迪士尼樂園的話，費用大概要花上二十萬日圓左右吧。這麼一來，在「ITOSHIYA」花個五萬、十萬買寢具，對他們來說，也會是計畫之內的消費了。

任何人都會認為，文具廠商要和文具廠商比較、蕎麥麵店要和蕎麥麵店比較，並把同業當成基準來定價。但如果內部參考價格能擴張到其他業種，就能無限擴張定價的可能。

比方說露營場地，價格大致上是五千日圓。如果要和其他的內部參考價格比較時，可以拿哪些類型來比？

擴大比較對象，就能更自由的定價

在岡山縣經營露營區「大佐自然俱樂部」（おおさネイチャークラブ）的松下昌平，參考的是學校和補習班。

他總是期望顧客能透過體驗大自然，成為獨立的社會人士。從這個角度來看的話，他認為自己的露營場地，應該和學校相比才對。體驗大自然，培養與鍛鍊解決問題的能力、主體性、協調度、忍耐力等，這些足以稱為非認知能力的素質，但人們很難從學校和補習班學習到。

如果能提供這種學習方案，或許父母會覺得跟學校和補習班有相同的價值。目前市面上主流的個別指導補習班，隨上課次數的不同，一個月就要價兩、三萬日圓。而五千圓的內部參考價格，一口氣就會上漲將近五倍。

又或者可以把學習草裙舞，與「為了維持健康的投資」對照等。

事實上，在千葉縣經營草裙舞教室「Hula Halau O Laule'a」（フラ ハーラウ オ ラウレア）的青木綠（按：暫譯，青木みどり）就表示，真的有滿多人是為了維持健康而持續上課。

這間教室除了正統草裙舞的課程以外，還有為了出席表演和大會等的個人課程，甚至也有課程是以維持健康為目的。

這個課程的學費是每個月五千日圓，正好差不多是買健康食品一個月的花費。如果這個課程能再多加入一些維持健康的內容，對學生來說或許會覺得很便宜；對教室來說，也多了些可能性，能夠設定價格更高的課程。

總公司位於橫濱市的「上藥研究所」的營養補充品，或許就該把內部參考價格與健身房比較，而不是其他健康食品。

該公司的社長田中慎一郎也實踐了這一點。他是世界知名的業餘馬拉松跑者，不久前參加了縱斷日本本州一千五百五十公里的慈善馬拉松，並跑完全程。他跑步的過程在社群媒體上傳開，後來還報導成新聞。

在某種意義上，他本人就成了公司的活招牌，推銷自家公司以靈芝為原料的商品功效。說明商品不僅能維持健康，還可維持體力，才能去參加如此激烈的競賽。

這間公司一個月分的商品價格是一萬五千六百六十日圓。在進貨的藥妝店商品中，算是價格帶最高的商品，和其他的健康食品相比也屬於高價。但健身房的話，到處都有一個月要價一、兩萬日圓的，只要參考健身房，價格就絕不算貴。

誠如前述的例子，不要把露營場地和其他露營場地相比，不要把其他營養補給品當作自家營養補給品的基準，更不要讓客人去參考同業的價格，而是擴大幅度與廣度。這麼一來，就大大擴張了制定價格的可能。

越便宜越好？反而賣不出去！

我想要稍微補充前述③的「最低承受價格」。

最低承受價格是會讓顧客認為：「如果價格比這個再低，那麼商品的品質一定不佳。」

也就是說，明明發揮了創意、下足了功夫，好不容易能以比較低廉的成本製造產品，有時卻會導致「明明是為了顧客，卻因為價格太便宜，反而賣不出去」，這也是一種便宜的陷阱。

其中具代表性的產業就是健康產業。我經常會建議製造營養補給品的廠商，顧客對於要吃進身體的東西，會出現一種心理，如果太便宜，反而會覺得不安。

此外，原本品牌價值很高的東西也是如此。

過去我到有田（按：位於日本佐賀縣）旅行時，發現了一間商店正販售「有田燒」陶器，由於我覺得店家的訂價很實在，感覺非常划算，就不禁買了很多。沒想到結帳時，店員突然對我說：「我再幫您打八折。」

儘管我聽到這句話的當下，確實是覺得賺到了，但同時又覺得有點微妙，忍不住想：「那原本的定價算什麼？」

如果像這樣，打了折之後，反倒讓對方產生負面情緒，實在很可惜。畢竟買方也覺得這個價格可以接受，所以賣方最好維持價格，或者要明確告知買方為什麼打折。

也因此，在有意義的消費的世界裡，算便宜一點或打折，有時候反而會帶來負面效果。

到此為止，我們談了內部參考價格，並將其視為設定價格時的因素之一。但終極的目標是成為沒有內部參考價格，化為超然的存在。

終極目標：成為無可比較的獨一無二

代表性的例子就是「哈雷機車」，也就是由美國的哈雷．戴維森機車公司（Harley-Davidson, Inc.）製造的重型機車。

喜歡哈雷機車的人，不一定特別喜歡重型機車，他們可能只是喜歡哈雷機車而已。因此，就算發現了其他和哈雷機車性能差不多的重型機車，只以一半的價格出售，他們應該也不屑一顧。一項商品如果到了這種程度的話，就完全沒有比較對象了，可以完全自由的設定價格。

在前面的章節介紹的「愛奴野味套餐」，也一樣是在日本其他地方找不到的獨一無二。儘管套餐的價格是八千五百八十日圓，但相信沒有客人會先去調查附近店家的行情，才點這個套餐。

其實就算回溯到昭和時代，狀況也是如此。當日清食品的安藤百福創造出全世界首見的泡麵（雞汁拉麵）時，當時的定價也是破天荒的高價。

但是當他們在店面實際表演，並呈現其價值——也就是「忙碌的家庭主婦也能輕易煮出拉麵」時，商品瞬間販售一空。同樣的杯麵出現時，價格也比泡麵高出非常多，但一旦傳達了其價值後，就再也沒有人喊貴了。

出現了世界上第一個商品、服務時，就不會有參考價格。

怎麼設定價格：尋找收益最大化的點

前面我們已經談了許多話題，提到要看著顧客來決定價格。最後我想要介紹一個製造者、賣家的觀點，就是收益最大化。

假設有一項商品，以一萬日圓販售，那麼將會有一百個人購買；另一方面，如果以五萬日圓販售，則會有三十人購買。一般都會想「五萬元有三十人購買」的收益會更大，所以要選這一邊。

但是出乎意料的是，大家也很容易忘了一件事，就是會被「希望越多人購買越好」的思維困住。這或許也可說是大量消費時代的思考模式。

在定價時，重要的就是「實驗」。總之先決定價格，實驗性的銷售看看，並觀察客人的反應。如果客人的反應沒有那麼好，就試著重新傳達商品的價值，之後再嘗試。另一方面，如果認為還可以再漲一點價，就稍微調漲看看，或者也可以乾脆一口氣漲個一倍。

對於將商品出貨到超市等通路的製造商而言，因為沒有自家的賣場，或許很難做這樣的實驗。但如果在可能的範圍之內，反覆測試的話，就會找到自家商品收益最大化的點。

如果做得到的話，請務必要實踐看看。要是這種做法對你的公司來說有一點困難，也請你摸索不一樣的方式，實行價格的實驗。

首先第一件事，就是要從「對於顧客而言的價值」來思考，而且不要被成本和進貨價格綁架，務必要從顧客心中的比較對象來設想。接著，盡量多嘗試幾次，找出收益最大化的點，這就是設定價格的方法。

爭奪市占率？你該爭的是「顧客占有率」

說到這裡，那麼和同業比較的心理，又是怎麼出現的？大概是基於「為了獲得銷售額，重要的是和同行爭奪市占率」的思考模式。但是我不得不說，和同行競爭、取得市場占有率的想法，已經過時了。

在第二章，我談到在價格上漲的時代，顧客意識到的並非節約，而是分配。例如每個月如果可以自由分配兩萬日圓，當然是盡量減少購買沒有價值的東西，並把錢最大限度分配到對自己有意義的商品。

換言之，**該思考的不是業界的市場，而是「顧客占有率」**。更具體的說，就是爭奪顧客的時間與金錢的占有率。這麼一來，該競爭的對象就不一定限於同行了。電影的競爭對手很有可能是智慧型手機，也很有可能是電動遊戲。

前面提到前往野味料理店消費的情侶，過去或許一年會去兩、三次迪士尼樂園也不一定。假設這次他們是把錢分配到野味料理，那麼餐廳就成了主題樂園的競爭對手了。

再進一步來說，今後這種市場占有率的想法本身，都很有可能不再成立。

例如汽車業界現在正展開激烈的市占率競爭，但沒有任何人能保證明年或後年，日本的汽車市場還是會維持同樣的形態。

除了對環境造成負擔的問題，人們對汽油車的批評也逐年增強。此外，今後CASE（Connected、Autonomous/Automated、Share、Electric）革命（按：隨著互聯汽車、自動駕駛、共享、電動化四項技術的進展而引發的變革）會越來越激烈，隨著交通行動服務（Mobility as a Service，簡稱ＭａａＳ）的演進，如果人們不再需要自己買車，那麼個人對汽車的意識也會大大改變。很有可能在突然間，人們的意識將會徹底轉變，覺得再也不需要將錢分配到汽車也不一定。

隨著停滯性通貨膨脹，今後整個日本的經濟會進入非常嚴峻的時代。但是說得極端一點，就算整體的經濟變差，只要你的公司和你銷售的商品獲得顧客的分配就好了。

絕對不能忘記「顧客的心的占有率」，請務必謹記這一點。

第5章

漲價的最強武器——加上體驗

1 漲價能幫你篩選好顧客

在第四章，我們談了關於定價的話題。接下來就是談漲價了。

比起決定價格，讓很多生意人更怕的是漲價，其中的理由可以濃縮在一句話裡，就是我在本書一開始提到的：「害怕如果一漲價，客人就不買了。」

別再打折了，立刻！

若按照我們先前談論的內容（按：請參照第九十六頁），對於商品和服務，顧客（尤其是既有顧客）心中都有內部參考價格，也就是「⑨購入價格」。同時，顧客心中也存在著「④期待價格」。

另一方面，顧客心中還有「①公正價格」，也存在著第三章所介紹的丹尼爾・康納曼教授發現的法則。換言之，只要有明確的理由，顧客就能接受漲價。這真是令人煩惱的狀況。

特別是過去一直訴求價格低廉的製造商，或是以折扣吸引客人的店家，在這種時候就會陷入恐懼，害怕客人很有可能瞬間消失，因此不太敢漲價。

這當然會讓人深感不安，但我的回答是：「請先暫時停止打折促銷。」並且該漲就漲。

當然，這樣一來很有可能會造成顧客一時之間消失，銷售額可能也會降低。也一定有部分的顧客追求便宜，這樣的客人必定會離開。但是我看了許多例子後，發現在很多案例中，其實數字下降得沒有想像的多，事實上甚至沒有下降的情況。

漲價了，顧客反而變多？

我舉個例子為各位說明。這個案例是東京都八王子的寵物沙龍「Ridere Cane」（リーデレカーネ），最終決定漲價的經過。這間公司在二〇二二年五月，先大幅調漲了服務中的剪毛和寵物住宿的費用。漲價的背景就是因為燃料費、電費、瓦斯費、各種業務用品的價格都上漲了。事實上，問題就是這間店的寵物剪毛費用，以整個業界來說，本來就太過便宜。店家也一直思考，如果不修正這個問題，將來就沒辦法持續培育良好的員工、提供優質的服務。

在漲價時，店老闆原口八惠子不想要搭漲價風潮的順風車，更不想只是簡單一句：「因為營運難以維持，所以漲價。」她希望能明確傳達自己的心路歷程、漲價的原因，以及做出這個決定的苦澀心情。

因此她藉由定期發行的電子報「Smile Dog 通信」，寫下了漲價的原委和背景。此外在店家的 LINE 和店面櫃檯，也告知顧客：「剪毛和住宿的費用調漲了，我們在『Smile Dog 通信』上，說明了做出這個痛苦決定的過程與面對各位顧客的心情，希望大家能抽空閱讀。」

結果如何？如果我們把漲價前四月的數據設為一百的話，那麼剪毛業務的銷售額成長為一〇〇・二%、住宿是一二七・九%。其他包括這幾年努力經營的訓練課程則成長為一四九・九%，商品販賣是一二二・一%。不管哪個類別，都超過了前一年的數字，五月的整體營業額也達到一〇八%。

寵物住宿之所以提升，原口表示是因為日本五月有黃金週假期，再加上新冠疫情比較穩定，算是時機正好。但如果只是時機好，客人也很有可能去其他更便宜的店家消費。我認為，這是因為他們也全面傳達了自家的價值而達到效果：「自己的住家兼店鋪，所以晚上也有人在。」、「店裡有自由的空間，不會一直把寵物關在籠子裡。」原口也說：「感覺顧客比我們先前預想的，還要欣然的接受了漲價。」

其結果，是整個月的毛利與前一個月相比達到二一五%。她說：「我在計算毛利成長率時，還以為哪裡算錯了。」不過這正是適當的對價關係。

漲價，也能幫你篩選好顧客

不再折扣和促銷後，你很有可能會收到客人的抱怨。無論在什麼地方，都會有人追求即使只便宜一塊錢，也要選更便宜的。只要有一個客人喊著好貴，那麼賣方就會很遲疑，不知道該不該漲價。這也是無可厚非。

「Ridere Cane」也出現了這樣的客人。更具體一點來說，顧客的反應可以分成四大類。

首先，就是無法理解為什麼漲價的客人。再來就是雖然不太會說什麼，只是說著：「喔，是嗎。知道了。」但下次就不會再來預約的顧客。

比較多的反而是以下兩種顧客。有些客人會一邊說：「哇，漲了不少！唉，但這也是沒辦法的事！」但依舊繼續預約服務。另外還有一種客人，會表現得和往常一樣，說著：「喔，好、好，沒問題喔。」

當然，這種客人之所以較多，其背後原因也是原口和工作人員們平日努力經營與顧客之間的情感，同時也藉由電子報等管道和客人溝通，培養良好的關係。**顧客對店家有感情，自然比較容易接受漲價**。

但是，就算再怎麼培養感情，還是會有客人不理解、無法接受漲價。這個時候該怎麼辦？

這的確是值得思考的問題，不過我反倒認為，如果真的遇到這種客人，就不需要想著非得要做對方的生意不可。也就是說，商家也可以選擇顧客。

漲價其實對我們自己來說，也是選擇優良顧客的好時機。

如果只是一味追求便宜的客人，一旦出現了其他更便宜的店家，他們會立刻掉頭就走。但即使漲價也不會流失的客人，就是看出了你的商品與公司的價值。換句話說，他們在你的商品和店鋪找到意義。

在這裡，我先提供一個漲價的方法。

就如同原口所做的，為了持續提供自家公司有價值的商品和服務，就必須要求正當的報酬。這意味著只要有必要，就要漲價。而漲價時，一定要明確傳達漲價的原因和理由。

漲價後，好客人照樣遠道而來

就算先前提到商家可以選擇客人，但一定也有人認為：「不管再怎麼說，實在受不了客人減少了。」這樣的話，容我再次介紹前面提到的案例「Daily Shop Yamamoto」。

這間店位於十勝地方一個名為幕別町的城鎮，人口約在五千人左右，規模很小，而且高齡者比例非常高，人口也逐漸減少。

儘管如此，店家漲價時，卻絲毫沒有猶豫。這件店的特色商品是布丁，在二〇二一年三月漲價前，一個月可以賣出兩百四十六個。但在漲價後的二〇二二年三月，賣掉了六百一十二個。這個數字是原本的兩倍以上。

老闆山本說：「對價格比較計較的客人不來了以後，好的客人自然就增加了，形成一種良性循環。」、「的確有消費者會為了一日圓、兩日圓就離開，但他們就不是我的客人。」

為什麼他能這麼肯定？因為當他這麼做之後，不光是幕別町的顧客上門光顧，更有從北海道整個十勝地方各地區前來的客人。

儘管如此，他並沒有特別過濾客人。對只在意價格的消費者而言，這間店成了不適合自己、不想再光顧的店，自然就不會再來了。

因此，我希望各位不要把「只要漲價，就很有可能會流失原本的顧客」想得太嚴重。如果你能讓自己的商品和服務成為有意義的買賣，自然而然就會出現新的顧客。更進一步說，現在網路那麼發達，整個世界都會是你的商圈。

不再便宜促銷後，一定會出現你真正想要的客人。

2 根據技術調整價格

「由於物價上漲，我們必須漲價」，如果是這種狀況，只要商家好好傳達理由，就能獲得顧客的諒解。但是在價格上漲的年代，也會出現不管再怎麼漲價，也趕不上原物料價格上漲的狀況。

如果手藝更好了，價格就能倍增

所以，如果每遇到物價上漲，就找藉口「因為○○的緣故，我們必須漲價」，還不如趁現在就思考漲得多一點的可能。

在一般的商業世界裡，只要賣不出去就會降價。但是我希望各位思考：要怎麼做才能把商品賣得更貴。其中一個方法，就是以自己所能提供的價值水準為軸心，來考慮漲價。

京都的糖果糕點製造商「京西陣菓匠宗禪」的社長山本宗禪，就教會我這件事。在這家公司的原創商品中，有一項是名為「金襴」的日式雪餅（按：原料是糯米，用醬油調味的日式餅乾，尺寸較仙貝小）。過去在公司遭遇逆境時，有一款初期暢銷商品，讓宗禪的業績得以回升，而這項商品就是它的後續產品。

這項商品就是「巧克力雪餅」，也就是在雪餅外包裹一層巧克力。老闆山本反覆下了許多功夫，創造這項商品，價錢是一粒一百日圓，尺寸大概是拇指大小。在當時宗禪販賣的雪餅中，算是破天荒的價格，但是當顧客了解這項商品的價值後，就成了暢銷商品。

而且宗禪採用預約制的做法也非常成功。當時公司規模還小，資金調度比較困難，採用預約制可以先收取商品金額，公司也得以用這筆錢採購原料，這樣的循環對資金調度帶來很大的貢獻。

實際上，這項商品現在的價格不是一粒一百圓，而是一粒兩百日圓。其中的理由，也不是原物料價格暴漲。商品材料的確用得更好了，但這不是漲價的真正原因，也不是因為原本拇指大小的尺寸變大、成了食指大小。據山本說：「我自己的技術，已經和過去的我完全不同了。」這就是漲價的原因。

事實上，山本在初期商品開始暢銷後，也不斷精進自己的手藝，他的巧克力雪餅甚至被京都麗思卡爾頓酒店（THE RITZ-CARLTON, KYOTO）選為VIP房型的點心，也成為獻給杜拜王室的貢品，累積了很多成績。

也就是說，累積了各種鑽研的成果後，自己已經不再是從前的自己了，所以要設定符合現在自身手藝的價格。也因此，就算這項商品的價格倍增，業績還是不斷成長。

這就是第二個漲價的方法。

如果自己成長了，就要提高售價——由於自己的精進，所能提供的價值也提高了，所以要配合自身的價值提高商品價格。

當然，價格首先還是「要考慮到對客人而言的價值」，所以能提供的價值提高了之後，就一定要用各式各樣的方式傳達給顧客，讓他們了解商品有什麼樣的價值。要以此為前提，但漲價的方式也很重要。

補充說明一下，這個案例就是巧妙運用了內部參考價格。

我在很多地方都曾提到這個案例，聽到這個商品的故事的人，都說他們會自然聯想到「GODIVA 的巧克力」和「馬卡龍」，也表示兩百日圓的價格絕對不算貴。也就是說，日式雪餅的比較對象，已經升級到像這樣的高級點心了。

把有價值的「人」擺在最優先

「自己如果成長了，就提高售價」，我希望所有擁有技術或是從事自由業的人，都要抱持這個觀點。

假設你是一位鋼琴老師，與十年前相比，你身為鋼琴老師的經驗一定成長了許多，這麼一來，收費也應該提高。

實際上，有一些行業也很自然的採取這樣的定價方式，例如美容產業。在同一間美容院裡，理所當然因為不同的髮型設計師，收費也有所不同。光說燙頭髮，就會因為是一般設計師或是資深設計師而有差異，這就是「根據技術來決定價錢」。

本來，每個業界都應該要這樣設定價格。例如工程公司，過去我曾經聽從事工程公司的會員，提過一個關於「為牆壁上油漆」的故事。

塗油漆非常需要技術，根據不同的牆壁類型，是只有擁有特定技術的師傅才能做的工作。相同的牆壁師傅，技術也會有差異。也就是說，能提供給客人的價值都不同。

某一次，他們想要試著區分技術最好的師傅和其他師傅，並改變工作的單價。具體來說，就是主打這位最頂尖的師傅，並設定一個特別的價格。

這間工程公司的顧客，主要都是要建造客製化住宅的人，在進行工程時，這位技術最好的師傅會針對「牆壁」說明。據說整個說明非常完整詳細，之後店家會解釋：「如果想要委託這位師傅，那麼每平方米的單價會比較高，而且因為他工作量比較大，所以可能要等比較久的時間。」。

儘管如此，還是有很多客戶說：「務必請這位師傅來做。」聽說其中甚至有顧客願意等半年。

如果能把人放在最前面，大家就能了解這個人累積起來的「價值」，也會出現支持者。接著，也會有顧客願意付出更高的價格。請務必在你的生意中，找出這樣的方法。

在功能之外附加樂趣，也能提升價格

提供有意義的商品和服務給顧客十分重要，很多製造者都會不自覺的往提升品質這方面思考。但如果是以人的觀點，其實還有很多其他的方法。

關鍵字就是樂趣與體驗。

關於這點，在此也為各位介紹一個案例，這是福島縣磐城市的渡邊文具店「PAPIRUS」（パピルス）的例子。

這家文具店販賣某製造商製作的酒精噴霧器。當時由於新冠疫情肆虐，這項商品一躍成了必需品。這項商品主體部分呈圓筒狀，噴嘴有一個扁平像大鳥嘴的突出部分，把手放在噴嘴下面，就會自動感應而噴出酒精，相信各位也在很多地方看過這類的設計。這間店的店面也擺放了這個噴霧器。

但是，某一天老闆渡邊寬之和渡邊瞳夫妻發現了一件事：「一定要放在客人會停下腳步的地方，讓客人覺得很開心、期待才行。」

在這股想法驅使之下，他們開始裝飾這個噴霧器。他們把噴霧器裝飾成鵜鶘鳥的樣子，並在凸出的噴嘴部分貼上黃色色紙做成的鳥嘴，還在瓶身貼上了可愛的眼睛，在兩側貼上羽毛。他們把它取名為「小鐵」，裝扮成卡通人物。

很快的，店裡的客人看到了都會連聲稱讚「好可愛喔」。這麼一來，更加速了店家「想讓客人開心」的作戰。他們讓小鐵穿上衣服（當然是手工製的），在每個季節還會變換不同的服飾，夏天就戴上草帽，萬聖節就穿上派對服裝。到了聖誕節，自然要穿上聖誕老公公的服飾。正月則穿上和服，並在旁邊擺上門松（按：正月期間立在家門口旁，由松樹與竹子製成的擺飾）。這家店後來甚至開始販賣酒精噴霧器和原創的裝飾套組。

本來他們還懷疑，這種酒精噴霧和換裝的組合商品，真的會有人買嗎？但是才剛開始販售，立刻就收到訂單，據說來訂貨的人都是當成禮品贈送。

在機能之外加上樂趣，就改變了商品本身擁有的意義，也能搖身一變成為禮物。理所當然，商品的單價也變得更高了。這實在是一種令人開心的漲價方式。

漲價的武器中，「體驗」最強大

如果能再加上體驗，真的就是最強大的商品了。

前面提到野味餐廳的「愛奴野味套餐」，它不光是重現愛奴的「奇塔塔普」料理，重點是客人要邊說「奇塔塔普、奇塔塔普」，一邊用小刀剁著肉來調理，這就像是在體驗漫畫《黃金神威》中的情景一樣。老闆非常講究這個部分。

首先，用來剁肉的小刀，不是一般市面上賣的刀子，而是使用愛奴人名為「MAKIRI」（マキリ）的短刀；鍋子則使用適合愛奴式傳統住宅中「圍爐裏」（按：在地板挖開一塊空間鋪上灰燼，用來燒木炭或柴火）的鐵鍋；盤子也使用很有氣氛的木盤子。此外，愛奴人視熊為山神，他們認為神明會化作熊的姿態，帶著毛皮和肉，現身在好心人家面前。老闆為了傳遞這種文化的層面，也準備了印著這些故事的紙巾。

除此之外，店家還準備了繡有刺繡的愛奴人頭帶，請客人用餐時各自繫上頭帶，並希望客人：「請一定要大聲說出奇塔塔普、奇塔塔普，並用小刀剁肉喔！」

客人是否真的願意這麼做？別說願不願意了，大家都非常積極的參與。因為顧客不只是來享受愛奴的火鍋料理，更是來體驗包含了品嚐食物在內的整套「奇塔塔普」。

這間野味餐廳「tinas-dining」之後又嘗試新的實驗。他們和阿寒湖唯一一間完全採預約制的阿寒愛奴諮詢公司合作，這是一間提供旅客更道地愛奴體驗的商家。

預約的人來到店面之前，就能享受各種驚喜（因為是驚喜，所以在此就不說得太詳細了）。在用餐時，除了原本「奇塔塔普」的道地愛奴料理之外，更提供了能夠體驗愛奴氣氛的光雕投影（Projection mapping），在用餐過後，還會發行體驗過本套餐的證明書。

顧客之後拿著這張證明書，到位於阿寒湖的阿寒湖愛奴村（阿寒湖アイヌコタン）中的合作店家，就能享有特別的待遇。這對於喜歡「奇塔塔普」的人來說，是最棒的體驗價值了。

像這樣，如果能在提供的商品和服務之上，再加上樂趣與體驗，客人會很樂意付出更高的金額。

萬元的關東煮套餐，你想吃嗎？

相信有很多人都知道，世上有一種稱為「迴避極端」的心理。例如，餐廳裡有一萬日圓的A套餐、一萬兩千日圓的B套餐和一萬五千日圓的C套餐。在這種情況下，大多數的人都會選擇B套餐。換句話說，中間的東西會賣得最好，這在日本也稱為「松竹梅法則」。

但有趣的是，為商品加上樂趣與體驗後，最貴的商品通常都會賣得最好。因此樂趣和體驗可說是最強大的漲價要素。

讓我舉個例子。大阪的關東煮老店「TAKOUME」（たこ梅），以日本最早的關東煮店著稱，相當受歡迎。這間「TAKOUME」也提供專屬會員的套餐，而最高的價格竟然高達五萬日圓（按：約新臺幣一萬一千元）。

當然，套餐提供的是關東煮，價格如果是五萬日圓的話，大家可能會認為店家應該會使用各式高級食材，但這家店的關東煮就是一般的關東煮，再加上店家的特色菜餚章魚甘露煮（按：將食材與醬油、味醂、酒和糖等調味料一起入鍋，以小火慢煮至水分接近收乾，調味料便會滲進食材裡）。

不過，這個套餐還會附上其他東西，例如店家原創的錫製酒杯以及錫製酒盅、錫製吊飾加上原創的T恤。除此之外，還有 TAKOUME 的手帕等。套餐名稱也是「支持 TAKOUME 暴走套餐」。

實際上，這個套餐是店家希望顧客在疫情期間，也能支持一直努力營業的 TAKOUME，而專門針對會員提供的套餐。他們設定了各式各樣的套餐組合，從只有關東煮與甘露煮的五千日圓套餐，一直到八千日圓、一萬日圓、三萬日圓、五萬日圓等。社長岡田哲生表示：「我實在沒想到，客人真的會掏出五萬圓。」

但實際上，的確有人點了五萬日圓的套餐。只不過，倒是沒聽說有人點三萬日圓的套餐。

加上了樂趣和體驗後，很多客人往往願意選擇最貴的選項。而像這種破天荒的價格，如果敢放手一試，這樣的「出乎意料」也很有可能成真，讓製作者和賣家得以脫離束縛。

用破天荒的價格，改變顧客對商品的認知

以下還有一個例子，這是發生在山形縣山形市的和菓子店「出羽的恩賜Kasuri 家本店」（出羽の恵みかすり家本店）。

該項商品是銅鑼燒，但價格竟然高達五千兩百八十日圓，如果是做成愛心形狀，還要再貴上五百日圓。一般店面賣的銅鑼燒大概是一百八十日圓左右，所以它的價格大約是一般的三十倍，可說是破天荒的售價。

之所以設定這個價格的主要理由是大小，因為這個銅鑼燒重達一．八公斤。相信各位應該可以想像得到，大部分人都是在慶祝的時候，會來買這種銅鑼燒。例如生日、六十大壽、結婚典禮、慶祝考上學校、大學入學等場合，而且都是想要買來送人的。事實上，過去在我公司的創立紀念日時，就收到會員贈送這個銅鑼燒，讓我真的非常感動。這種銅鑼燒不僅尺寸很大，味道也很美味，讓我更感動了。

社長東海林文明說：「與其把一百八十日圓的銅鑼燒漲價到兩百日圓，還不如用四千九百八十日圓的誇張價格一決勝負，這樣的話，顧客的想法也

會有所改變，對於和菓子的認知也會從食物變成禮物。那麼四千九百八十日圓的價格就不是大問題了。」

沒錯，如果能讓商品產生樂趣與體驗，那麼對於客人而言，意義就不同了，內部參考價格也會隨之改變，價格就會消失。與此同時，製造者、銷售者的意識也會改變。

順帶一提，一開始我寫的價格是五千兩百八十日圓，但東海林所說的卻是四千九百八十日圓。這不是因為我寫錯了，而是因為去年他說這席話的時候，價格還是四千九百八十日圓。不過到了現在，價格又上漲了三百日圓。

據說目前店家準備要推出再貴一千元，也就是六千兩百八十日圓版本的商品。

3 聯名款、組套，重新包裝

接下來我要介紹的漲價方法，是「有價值的包裝」。

「有價值的包裝」是我自己發明的說法，指的是不要光賣商品，而是要一起提供相關的服務，用「意義」把各種商品、服務綁在一起出售，或者是加上趣味、體驗後販賣等做法。藉由這個方法，就能提升商品整體的價值，也會提高顧客滿意度，以及商品價格。

以「組合」、「套裝」來販賣

在此介紹一個簡單易懂的例子，是「tinas-dining」經營的沖繩餐廳案例。

這間餐廳當時因為在疫情期間無法營業，因此開始以網路購物的方式提供沖繩料理的食材。食材組合裡包含了沖繩原生種阿古（AGU）豬肉、沖繩島蕗蕎、沖繩豆腐和店家自創的麵條等。

店老闆林先生不光是寄送食材組合，還會在裡頭附上手寫的「島蕗蕎處理方式」、「沖繩豆腐的料理食譜」等小卡，同時還會附上店家精心製作的獨門苦瓜雜炒食譜，並附上幾張照片等。這個食材組合的目的，不光只是創造營業額，更是希望沒辦法來店消費的客人，多少都能感受到店裡的氣氛。

此外，老闆還附上更有趣的東西，他會把寫了「主廚」、「店員」的卡片放進去，並在姓名欄的地方留白，讓購買商品的顧客能填入自己的名字。

接著他還留了這樣一封信：「疫情期間，平常不在家的先生和孩子都在家中，媽媽實在很辛苦。這個料理組合請盡量讓老公來烹調，讓孩子幫忙，這樣媽媽就可以休息，並品嚐好吃的料理。『主廚』的卡片上請寫上爸爸的名字，『員工』則寫上孩子們的名字。」

這個組合不光只是食材組合，裡面還包含了希望讓客人體會店內氣氛、以及在新冠疫情期間能讓家庭稍微放輕鬆的心意，這一切都被包裝進這個套組裡面。這個組合也大受歡迎，之後收到了許多客人感謝的訊息。

另一個「有價值的套組」案例，則是西島眼鏡店的例子。

這件店同樣針對因疫情而無法上門光顧的客人。他們嘗試提供眼鏡專家西島達志的新服務，其服務名稱是「專家的診斷、令人期待的宅急便」。訂購這項服務的人，會收到一個照著店家形象打造的房屋形狀包裹。打開之後，裡頭不光是眼鏡，還裝了各式各樣的物品。除了西島本人寫的「為什麼選擇這副眼鏡」的信之外，還有店家附近的老店地圖，甚至還有西島眼鏡店卡通人物的塗色紙、老闆娘特製的卡通人物首飾。

「tinas-dining」也好，西島眼鏡店也好，同樣都是在組合裡放進了特殊價值——為了讓無法來店的顧客，也能體會到宛如親自來店的感覺。不用說，比起光販售食材和眼鏡，採用這些方法後，就能把價格設定得更高。這就是包裝化的功效。

太過可惜的聯名

另一方面，也是有一些很可惜的例子，這裡我就不說店家名稱了。某間製造商曾經發行與《星際大戰》聯名的數位相機，我當然便立刻購買。但是當我收到商品時，卻大失所望。因為它外包裝盒子的設計，和一般商品完全相同。

對粉絲來說，會希望從收到包裹的那一瞬間，就覺得開心期待。相信從西島眼鏡店收到包裹的顧客，一看到以店家形象作為包裝的房屋造型包裹，就已經很興奮了。

而這台數位相機的價格，竟然還跟普通版的價格一樣，實在非常可惜。聯名的設計商品本身品質非常好，所以讓我更覺得遺憾。

如果紙盒本身是《星際大戰》的特別包裝，又或者是一打開紙箱，就會播放《星際大戰》的主題曲；再不然就算是打開盒子後，有深藍色的包裝紙，讓人感受到宛如《星際大戰》電影開頭畫面的氣氛，如果有這些特別的設計，價格即便翻倍，都會讓人感覺划算。

最近在市面上經常看到聯名商品，不過令人意外的是，價格卻和普通版的一樣。或許是因為廠商們覺得，這只是提供一種服務罷了，但如果試圖包裝成「有價值的套組」並提高售價，反而會提高顧客的滿意度，企業的營收也會增加。

既有的商品，用「意義」重新包裝

以上我舉這些例子，恐怕有些人會誤以為，包裝化是要在網路購物送達的箱子裡，塞進各式各樣的東西，但其實不是這樣。

前面也曾提到文具店「PAPIRUS」，把酒精噴霧器和裝飾的服裝包裝成一個組合，而這也是藉由把商品包裝化，並提高售價的例子。

同一間店還有另一個包裝化的例子。

到了日本每年春天、入學的季節（按：日本的學校一般都在四月開學），這間文具店就會湧現很多家長，替孩子準備小學入學用品。學校通常不會仔細說明該準備哪些東西，因此每年都會有顧客詢問到底哪些是必需的，要怎麼刻上名字或打印名字等各種問題。在準備入學用具時，又屬打印名字最麻煩，很多父母都是熬夜準備，到入學典禮當天還帶著黑眼圈。

因此這間文具店就自創了一張「小學入學用品確認表」，而且在這張確認表上，羅列了每一項用品該怎麼打印名字、要使用什麼樣的工具和服務管道等方法。他們還在自家的社群媒體，統整出打印名字的工具並刊登照片，還展示打印上名字的樣本。

實際上，他們的照片裡不是什麼特別的東西，就是辦公室常見的打印名字貼紙機或者簽字筆而已。不過這間文具店 PAPIRUS 卻重新包裝了「小學生入學前，可以印上名字的便利工具」這層意義。用意義加以包裝後，顧客也能充分理解。

例如，他們把這些工具，組合成打印名字的工具套組來販賣，有些客人會直接買一整組，也有客人會挑手邊缺少的東西購買，這都算是購買了有價值的包裝。這就是把商品「包裝化」。

兩顆雪餅，要十萬日圓？

在本章，最後要介紹一個終極的包裝化案例，就是前面提到的「巧克力雪餅」例子中，京西陣菓匠宗禪所製造、販賣的供品菓子「黃金龜」。

宗禪的社長山本，是日本唯一能夠製作「上技物」雪餅（按：製作雪餅的最高技術）的師傅，因此銷售額也不斷順利提升。

而宗禪販售的最頂級雪餅，價格竟然是「兩顆十萬日圓」。前面提到拇指大小的巧克力雪餅是一粒兩百日圓，這已經算是破天荒的價格。到了「兩顆十萬日圓」的程度，已經可說是不同的層次了。

這個名為黃金龜的商品，是有著烏龜外型、比較大顆的雪餅，而且外層竟然包裹著金箔。首先，要做成烏龜外型的雪餅，光一顆就要花上十天的時間，這本身就是一項很厲害的技術了。據說還要從做好的一千顆當中，挑選出最好的兩顆，之後還要在這兩顆雪餅上貼金箔。為了這個步驟，山本還去向金箔師傅拜師學藝，因此習得了關於金箔的技術。

接著，他會把烏龜形狀的雪餅，分別放進京都文化的代表「清水燒」陶器裡，再用手工染製的「友禪紙」包裝，收在「加賀塗」的漆具裡，用「西陣織」的束口袋包起來，再放進奈良師傅製造的桐木盒子中，最後用「縮緬」的包袱布包裝起來。這正可說是把日本文化、職人技術的精華，層層疊起的終極包裝。

儘管可說是最高級的商品，但實質上就是「兩粒雪餅」。然而，透過了有意義的包裝，它竟然可以設定為十萬日圓的高價。雖然價格如此高昂，但自從開始販賣以來，就有不少人買來當作祝賀的禮物，甚至還收到來自海外的訂單。

各位的商品，不也可以透過各種包裝化來提高價值嗎？請務必思考一下這些案例。

4 我這一行很難拉高定價，真的嗎？

先前已經談了很多如何提升商品價值，並隨著價值提高價格的方法。不過，這個世界上還是存在著有「定價」的東西。例如在本書一開頭出現的「Value 通販網購」的老闆久保販賣的料理用具等，很多工業製品都有所謂的價格上限。事實上，誠如久保所說，原本的定價現在已經逐漸成為時價，但我們先不考慮這個狀況。我想先請各位思考一下，如果再怎麼提升價值，價格還是有上限的話，該怎麼辦？

此外，不管外頭的原物料再怎麼上漲，有一些行業依舊沒辦法按照自己的意思漲價。其中具代表性的，就有由國家決定報酬的醫療業界，還有按定價販賣被規範為義務的報紙、雜誌與書籍等（按：日本實行再販賣價格維持制度，書店須按照定價銷售，不可打折或漲價）。

活用「回報性規範」——拿人手短，吃人嘴軟

對於遇到這種狀況的讀者，我希望各位記住「回報性規範」（互惠規範）。我們先前已提過很多次，價格會跟隨價值。這麼一來，價值上升後，價格自然也會跟著上漲。但是價值明明上升了，價格卻不上漲的話，其中就會產生落差。這麼一來，以人類的行為理論來說，為了要彌補這份落差，就會想要相對的付出，這就是「回報性規範」。

具體而言，例如顧客會想要定期上門消費，或者是每一次都指名同一個人來服務等。有時候甚至會付出消費金額以上的金錢，或者贈送禮物，帶旅行的伴手禮過來等。接著，只要你提出某些提案，對方都會欣然接受。

這些都是因為心理上想要等價回報，而做出的行為。因此就算是無法漲價的狀況，還是應該要默默提升價值，並持續提供商品，這一點很重要。

除此之外，更要提供附加的加分提案。例如以醫療業界來說，就可以向對方介紹保險外的診療方案；書店的話，就販賣書籍以外的商品、主辦與書

籍相關的活動等。

這麼一來，就算價格沒辦法上漲，但每位客人的平均消費額提高，顧客終生價值（按：Customer Lifetime Value，指顧客未來可能帶來的收益）也會提升。

不要被主業束縛——洗衣店賣零食，為的是更常接觸客人

我一直以來強調的另一個主張，就是「不要被自己的行業束縛」。

這個世界上，有許多人都被常識綁架，認為寢具店只能賣寢具、書店就只能提供書籍等。但我的會員卻能輕易的跨越行業，有非常多公司都不再被「〇〇店」的框架所規範。

在此舉一家位在東京都秋留野市的乾洗店「Silk」為例。這家洗衣店的店面陳列著麴飲料、藥膳茶、果醬和爆米花等食物與雜貨、各式各樣商品。店門前有一片美麗的庭園，店內有休息的空間和桌子。這幅光景壓根不會讓人聯想到洗衣店，但是店裡的食物和雜貨卻賣得很好。

當然，其中心還是因為有自家公司的價值。例如「Silk」的乾洗技術非常卓越，因此就算客人搬家，還是會特地把乾洗衣物用宅急便寄來清洗。

但是，不管「Silk」的乾洗技術再怎麼高超，如果客人從公司退休、不再上班，那麼商務用的服裝和西裝等乾洗的生意自然會減少。

此外，誠如老闆石井康友所說的，有越來越多客人不知道哪些衣物該送到洗衣店乾洗，或者是送乾洗需要哪些費用。老闆石井也說，乾洗的整體需求減少，「只要看人口動態數據，從很多年前開始我就明白，乾洗的需求會減少。」

然而，他不只是販賣其他商品，來彌補減少的需求。他的目標是不要讓接觸到客人的機會變少。就算顧客不再穿西裝，也不會不再吃東西、喝飲料。藉著這些機會，對遇到的客人重新傳達乾洗（對客人）的價值，創造出新的需求。

無論如何，若是被陳舊的商業概念束縛，就不會出現這種飛躍性的改變。

在我的會員中就有很多案例，像是「賣地瓜的針灸院」、「賣首飾的酒吧」等，不勝枚舉。而到了經營更嚴峻的時候，多元化戰略就更為重要。

採取多元化戰略，也得要有根據

但問題是，一般人不太理解這樣的行動。

例如乾洗店「Silk」想要販賣某項商品，並且拿出過去的實際成績來商談，卻經常會被對方片面認為「你們是乾洗店，又不是超市，所以我們不能出貨給你們」，而遭到拒絕。

思考一下，這或許和泡沫經濟時期，許多企業採取多元化戰略，卻以失敗告終有關。

當時電力公司涉足魚類養殖，電器製造商經營義大利麵店等，各式各樣莫名其妙的多元化經營盛極一時。也許是由於當時失敗的經驗，造成了普遍認為「應該傾全力在主業」的風氣。

不過重要的是價值觀是否一致。我們把這個價值觀稱為「世界觀」，根據乾洗店老闆石井的世界觀，「Silk」裡面只擺放著老闆嚴選的商品，或者是根據上門的客人擁有的感受與喜好集結而成。也就是說，銷售的商品都是有緣由的。

如果無法擺脫主業的束縛，那麼在價格上升的時代，經營的發展性將會非常受限，這將會導致自家商務的衰退。

5 人會因爲情感而行動

在前面的篇章，我們都以「企業對消費者」（B2C）的事例為中心來說明。但各位讀者當中，應該也有很多人從事「企業對企業」（B2B）的商務模式。

在B2B的世界裡，價格交涉是很艱難的。但儘管是在這樣的商務環境，還是有很多公司無痛實現價格上漲，重點一樣是「價格跟隨價值」。

傳遞情感與數據，客單價拉高三成

靜岡縣島田市有一家「有限會社大塚製茶」。他們同時經營一間店面，名為「Sasuki Green Tea」（お茶のさすき園）。儘管B2B事業已經有很多

客戶支持，但他們的 B2B 事業，業績也不斷成長。具體來說，就是把貨批發給茶葉的中游批發商和飲料製造商等。

近年大塚製茶的批發單價已經上漲三成了。有兩項資料在當中發揮了作用，兩項都是向法人顧客傳達價值的工具。

其中一項以視覺為中心，他們聘請專業的攝影師，製作了非常嚴謹的宣傳品。另一項就是納入分析與數值等專業的資料，闡述使用了大塚製茶的產品，會提供終端使用者什麼樣的價值。

社長大塚隆秀很巧妙的分開使用兩種資料。首先，針對推銷時最初有聯絡、回應的企業，使用以視覺為中心的宣傳冊子。社長大塚表示：「我們表現出這是一家由人來製茶、由人來操作機器、以人來思考並行動的公司。」與其說是宣傳冊子，還不如說是寫真集。畢竟**人會因為情感而行動**，所以要先用這個宣傳品，讓對方感受大塚製茶的價值。

但畢竟是商業行為，不是光靠這本冊子就能被採用。因此接下來就要用道理來說服，他們利用以數據為中心的資料，來傳達公司產品的價值。

在寄送視覺性的宣傳冊子後，如果有公司回覆，他們就會寄出這份資料當作第一波攻勢。其內容是「喝茶，就是喝茶葉細胞的內容物」這類茶葉的專門知識、大塚製茶的製造過程，以及講究的獨到之處。

如果接下來對方還有聯絡或來信詢問的話，他們就會寄出第二波資料。這份資料就會非常詳細（甚至是針對愛好者的程度），例如會用詳細的數據資料，說明社長大塚講究的土壤和肥料等。除此之外，還針對來到「Sasuki Green Tea」店面的客人常問的問題製作問答集，這份資料中也有十分專業的說明。

各種資料不只統整得非常好，而且首先發送視覺性的宣傳冊子，再提供第一波的專業資料，接著是更詳細的第二波，一連串的流程也都是經過精心設計。

藉由這樣的措施，社長大塚表示他們與客戶之間的關係變得非常緊密。而成果也有目共睹，過去頻繁收到希望降價的要求不僅減少了，價格更高、品質更好的商品也賣得比過去還要好。以結果來說，顧客單價也提高了三成。

說到法人顧客，和先前案例中的一般消費者不同，有很多人會覺得一定要做出完全不同的措施才行，但在傳遞價值這一點上，要做的都一樣。

的確，法人的購買行為，和個人消費者買燉牛肉、把打工的錢存起來吃野味餐廳的「奇塔塔普」愛奴套餐稍微有點不同。比方說法人的話，決定是否購買的決策者往往都有好幾位。

但是又像先前寶木石材、委託人要處理墳墓的案例一樣，儘管消費者是個人，但決定的人很可能也有好幾位。也就是說，這裡的課題也要跨越「兩個難關」，而不變的是價格跟隨價值這一點。

短短一句問候，詢價的人比以往多十倍

石川縣有一家紙張批發商「濱田紙業」。這間公司經手的商品，幾乎都是其他同業也會經手的，例如像「nepia 面紙」這種，在其他地方也能買到的市售產品。這樣一來很難做出差異化，容易陷入價格競爭，因此公司的專務董事濱田浩史這樣說：「如果把我自己和這裡的員工都視為濱田紙業，那麼我們的角色是其他同業沒辦法模仿的。」、「就算商品沒辦法做出差異化，但公司可以有差異化。」

同時，他會積極的在公司電子報「濱田紙業通信」表明自己的想法，或者是在公司給客人訂單的牛皮信封上，寫一句短短的訊息，實行穩健踏實的溝通。

順帶一提，這裡的短短一句訊息是指，例如如果是新年過後寄出的訂單，就會在牛皮信封上寫：「去年承蒙您的照顧，非常感謝。希望今年疫情減緩，您能輕鬆的出門去各地吃喜歡的拉麵。」而寫這條訊息的，則是公司的事務員工。

開始這項活動的契機，是因為公司內有一位員工，很擅長寫這類小短語。由於他寫的訊息收到客戶的迴響，公司裡因為這封客戶的明信片士氣大振，之後全員決定仿效這項做法。

開始之後，意外的從其他客戶那裡收到很多迴響。此外，就連從未見過面的人，也會捎來寫給個人的訊息，像是：「〇〇先生最近過得好嗎？」

除此之外，還曾有人表示：「我們沒有丟棄過去三次訂單的牛皮信封和信件，都好好的保存起來。」濱田先生也說：「那真的不是什麼特別的信封，就只是一般普通的牛皮信封而已，所以真的很令人驚訝。」

另外還發生過這樣的事。員工帶著公司的通訊刊物、寫了小短語的訂單以及商品，前去拜訪客戶。沒想到，客戶公司的老闆娘當場對自家員工激勵一番：「這種細節真的很重要！我們要學學濱田紙業才行！」其後更收到了比往常多十倍的估價單，並成功完成交易。

不主動給折扣，客戶回頭率反而提高

濱田還提到一件非常重要的事。

據他說，過去如果客戶大量訂貨時，都會詢問：「訂了那麼多，有沒有折扣？」也因此，公司往後只要遇到客戶大量訂貨，即使對方什麼都沒說，他們也會在估價時，主動提供折扣。

但是當公司進行這項活動後，就試著不再主動給折扣。沒想到，客戶反而什麼也沒說，就照著公司提出的價錢交易。

很多人認為給折扣就是一種服務，其中有些公司甚至不等對方要求，就主動提出「我們會打〇折」，這正是前面提到的「便宜賣的陷阱」。

如果很難藉由商品差異化產生價值，那就應該藉由「公司差異化」產生價值，並連結到價格，而且不要主動提出降價。這一年來，這間公司傾力於前述的活動，等到回過頭來，發現過去頻繁發生的「多家競價」，竟然也減少了。

而現在，濱田專務董事負責的領域，銷售額是過去的三倍，而且全公司在推行活動的過程中，原本只有一%至三%的顧客回頭率，現在已經提升到二六%了。

總公司位於長野縣，向法人客戶提供事務機器販賣與維修服務的公司「ITOH inc.」（いとう），社長高村和則也在推行同樣的活動。具體方法就是一間一間寄送手寫的感謝明信片，給簽下合約、成為客戶的公司。

最初社長高村認為，這種活動是因為在實際店鋪中，交易買賣主要是以個人為對象才做得到。但自從自己公司也開始實施後，成果確實提升了。

之後實行了四年半的結果，社長高村說，這些行動甚至促成了一億日圓左右的毛利提升。

在年營業額二十億日圓的公司，一億日圓的毛利。

我們從濱田紙業和「ITOH inc.」的例子中，獲得很重要的啟發，那就是對法人客戶而言，關係就是價值。

和交易對象一起販售高附加價值商品

在這裡，我們重新把話題拉回大塚製茶。

為什麼大塚製茶的策略，可以促成價格成長三成？

根據大塚說，首先公司確實傳達了價值，之後再閱讀闡述靜岡茶價值的資料、並聽取簡報的法人客戶，一定都會在某種程度變成守護靜岡茶葉的同好，甚至會覺得是「守護茶文化的夥伴」。

另一方面，如果只是追求便宜的業者，就會去向其他公司購買。這麼一來，對大塚製茶的價值產生共鳴的法人客戶，就能與自家公司形成夥伴團體，傳達茶葉價值。

大塚的努力，最重要的部分就在這裡。傳遞價值，讓交易對象成為夥伴，建立起能從上游到下游傳遞價值的供應鏈。

注意到這一點的，是位於長野縣、主要販賣乾燥水果等食品的B2B批發商「MARUSHIN FOOD」（マルシンフーズ）。社長飯沼健一認為「價值從供應鏈的上游往下游流動」，就是價值的傳承與接棒。

社長飯沼也會對自家客戶發送名為「MARUSHIN通信」的電子報，傳遞關於自己與公司的訊息。為了要培養和客戶之間的關係，電子報的內容很多都是描繪自己公司的日常、飯沼自己對工作的態度與想法，甚至也會具體談到應該如何實現附加價值高的商業。

實際上，「MARUSHIN FOOD」也致力於開發附加價值高的商品。另一方面，因為價格比較高，以往面對折扣和價格比較嚴苛的客戶，就比較難以成交。

不過，由於新冠疫情和這次的通貨膨脹，讓狀況有了改變。過去很冷淡的折扣商店也都大大歡迎他：「請務必和我們聊一聊。」

飯沼也不斷的在電子報中，傳遞附加價值高的商品開發過程。而在一片通貨膨脹的聲浪中，很多企業也發現，不能只靠便宜賣支撐下去，而開始轉向附加價值高的生意。這也就是從販賣便宜的商品，轉而販賣有價值的商品。

在這些時刻，客戶的腦海裡最先浮現的就是飯沼的面孔。他們大多數是聽過飯沼和同公司的員工，熱切提出以價值為中心的簡報，突然發現這就是他們要尋找的公司，並給予正面評價。

不用說，一旦轉換為這種立場，他們也不會毫無道理的提出降價要求，反而希望能一起販賣附加價值高的商品，這樣就可以提高單價。這樣的行動也開始獲得成果，讓「MARUSHIN FOOD」的收益創新高。

飯沼說：「我們製造、流通的商品，只不過是令人期待的果實罷了，因此我們希望做生意的對象，是能好好接下這個價值的棒子，並正確傳承下去的夥伴。」這裡與其說是交易對象，更不如說是在接力賽中，能把有價值的棒子傳給消費者的「夥伴」。

把價值的接力棒傳遞下去

我目前正和「明治 Fresh Network 株式會社（以下簡稱明治ＦＮ）」合作，這就是建構價值從上游往下游流動的供應鏈，價值接力賽的夥伴網絡。

明治ＦＮ的主要客戶是日本全國的超級市場、藥妝店、城鎮的業務用西洋糕餅店等，數量非常多。

但如果要問，這些把價值的接力棒傳給最終消費者的傳遞者，實際上是否真的交出了接力棒，老實話的確有點讓人不放心。因為就如前面提到的，實際販售的時候，還是不太能明確傳達商品的價值。

不僅限於明治ＦＮ，所有可稱為「銷售公司」的企業，長久以來的業務都只是在批發製造商所開發、製造的商品而已。至於賣不賣得出去，都要靠商品本身的實力，再加上打了多少電視廣告。

但是時代已經改變了。眼下這個時刻，銷售的現場成為傳遞價值、與最重要的顧客接觸的接點。

而我和明治ＦＮ進行的其中一項工作，就是培育把接力棒傳下去的人——目前很多公司會把這種人稱為業務。在過去，他們的工作是批發，但接下來希望他們把工作進化為「透過各種賣場，對顧客傳遞價值，培養商品與顧客」。而這裡的顧客不是指批貨的零售商，而是最終消費者。

這當然需要他們的客戶，也就是各個店鋪的配合。接下來更是希望能致力於擴展各個批貨店家的合作，也就是擴大夥伴的網絡。

商家都懂得培養商品，景氣自然活絡

以結果來說，這樣的行動當然是要提升製造商的營業額。我在第二章、第三章舉了許多實例，證明傳遞價值後，該商品有時候就能達到一百二十倍以上的銷售額。儘管這只是一間店鋪的結果，在其他地方的成果不見得完全一樣，但如果全國各地陳列這項商品的店鋪，都能發生這個狀況，那麼製造商的營業額會成長到什麼程度？

在明治也是一樣，不僅是最近的商品和新商品，就連長年的固定商品也是，如果要問這些商品的價值是否充分傳達給消費者，的確有很多商品沒有做到。

當然，這不僅限於明治，製造商都是在研究階段開始，就運用很多創意、下了許多功夫，也嘗試很多錯誤。有時是經歷了許多辛苦後，才終於能把有價值的商品送到市面上，但意外的是，卻沒有傳遞其中的價值。再加上近年商品的汰換速度很快，這也只能說是賣場的宿命，很多商品都在還沒培養之前就消失了，所以這樣的行動是有意義的。

而且，還有更有意義的事。

各處店面如果能巧妙的傳達商品的價值，那麼誠如前面所說，商品就賣得出去，而且價格也會較為適當。有這種能力的店鋪，業績會越來越好，生意也能持續下去。這麼一來，包含商圈人口僅八百人的小鎮在內，全國各地都會有越來越多充滿活力的店家。這會使得與供應鏈相關的所有公司都更有活力。

此外，這些店家會關注顧客，而且製造商會透過打造、陳設賣場，與店家合作，所以製造商也會獲得很多活生生的顧客（最終消費者）資訊。所謂建構能接下價值接力棒的供應鏈、建構夥伴網絡，就是這麼一回事。

也因此，要招募夥伴，提升網絡整體的價值創造力，例如明治這種大企業要發揮大企業的強項，對中小客戶與相關企業提供各項支援、相互連結，組成一個強而有力的生態體系，作為整體來創造並販賣價值，這樣才有意義。其中，也包含著這個時代的大企業才能達成的重要角色。

6 新客和常客，人都有兩種樣貌

我在二〇二一年出版的書籍《「顧客消滅」時代的行銷》中，強烈建議在這個因新冠疫情而提早到來的「顧客消滅時代」裡，應該由單次型（flow）的商業模式轉向為長期收益型（stock）的商業模式。

所謂的「flow」和「stock」都是經濟學或會計學上的用語。flow 意味著流動，而 stock 則是儲存的意思。在行銷的世界裡，可以把 flow 看作是第一次的客人，stock 是老主顧和常客。

當然這兩者一樣重要。如果常客很多，銷售額就能穩定；但**如果只有常客、沒有新客戶，未來又會很不安。另一方面，如果都沒有新的客戶，就不會出現常客。**

不過，在新冠疫情期間，經營上出現問題的，很明顯都是單次性商業模式，也就是仰賴新客人的行業。由於人群從街道上消失，新客人大幅減少，不僅零售業和餐飲業，就連向這些店家提供商品的批發商和製造商等，各種產業都大受衝擊。

從單次型商業模式，轉為長期收益型

但另一方面，重視長期收益的商業模式，受到的影響比較小。只要顧客名單很充實，即使實際上沒辦法來店光顧，還是可以用網路購物，或提供別的服務。甚至是支持者眾多的公司和店家，在日本政府取消緊急事態宣言之後，就湧進了許多顧客。

打個比方來說，單次型商業（flow）就像是從水龍頭流出來的水一樣，而長期收益模式（stock）則是像水桶儲存起來的水。當疫情來臨時，水龍頭的水就斷了來源。這個時候，用桶子把水儲存起來的人，就有水可用；不這麼做的人，就無水可用了。

因此，懂得儲存顧客的企業，實力更為堅強。

不了解顧客，如何設定價格？

接著，如果更深入培養與這些庫存顧客的關係，就會產生顧客社群，也就是被稱為粉絲（fandom）的愛好者。

「fandom」指的是狂熱的支持者，以及這些人創造的世界。一般來說，大都指動漫等內容的粉絲社群。不過有很多公司也都已經經營商品愛好者，就算發生了像新冠疫情這樣的意外狀況，也毫不動搖。

擁有顧客社群，或者說「fandom」，在價格上升時代裡，是決定性的重要措施。從前面提到的案例也能了解，只要和顧客之間的羈絆很穩固，價格就會消滅。顧客不僅會接受價格上漲，就算是售價更貴的商品，他們也樂於購買。

在本章中介紹的寵物美容店「Ridere Cane」儘管漲價了，營業額還是成長，主因不僅是明確傳達了漲價的理由與價值，更是因為其根基有著與顧客之間的堅定關係。

但不只如此，從了解顧客的觀點來看，擁有常客、培養顧客社群也非常重要。

在第四章，我們提到了內部參考價格。所有顧客都會以自己心中的價格為基準，擅自判斷商品價格是高是低、定價是否適當。也就是說，我們也必須「擅自」想像顧客的心理，來決定價格。

為了做這樣的想像，不用多說，當然要去了解我們的顧客。對你來說，立刻就能在腦海中浮現的客人，有多少人？如果答案是「幾乎想不起來」，那真是很不妙的狀況。

這對製造商和批發商來說，可說是很顯著的問題。由於比較少機會和最終顧客接觸，因此看不見顧客的面容。當然，也只能用想像的。更不要說如果還要在會議室裡討論「這個價格太便宜了」、「不，有點太貴了」、「再漲個一百元應該沒問題」等，這種討論有意義嗎？

所以，如果你能想起的顧客很少，我建議你儘早和客戶建立關係。

無論什麼方法都好。在我的實踐會中，有很多企業會發送訊息刊物、電子報、在社群媒體上定期且持續的發送訊息給客戶。但其他的方法也可以，什麼都行。

沒有顧客會說喜歡漲價，要看他最後買不買單

重新檢討會員組織化，也是不錯的做法。如果顧客提供了個人資訊，那麼我方就提供某種「價值」作為回報。這時候不需要提供任何折扣或便宜賣，事實上，除了打折或便宜賣之外的價值，反而會令顧客更開心。

第一步要做的，就是如前述和客人建立關係。這麼一來，你就會開始聽到許多顧客的回應，應該也會增加更多機會，能直接與顧客接觸。濱田紙業就是一個好例子，但在B2B的世界裡，道理也是一樣。

這麼做之後，你會漸漸明白你的客戶是什麼樣的人，有什麼樣的想法。只要看到對方的臉，就能輕易的想像內部參考價格。這也代表比較容易決定價格或漲價。

但是，這和所謂的市場調查及小組面試不一樣。誠如我在第二章所說，客人都擁有兩個面貌，如果被問到價格，一般都會回答：「便宜的比較好。」

也就是說，關於價格，直接詢問顧客的做法，不但無法發揮效果，甚至很有可能讓人判斷錯誤。

所以最多只能了解顧客、想像，這樣的結果就是營業額是否上升。實際上提高商品售價後，銷售額沒有下降，或者上升了，就表示顧客能接受這個價格。如果結果相反，也就代表顧客無法接受。

就算你實際調查，詢問：「如果漲到這個價格，你會購買嗎？」也得不到正確的答案，成果（銷售額）才是一切的解答。

所有人都具備「想像顧客」的技能

了解顧客、想像——你是否覺得很困難？

無須擔心。因為幾乎所有的人都已經體驗過了。

比方說，你想要更「了解」雙親、兄弟姐妹、朋友、戀人、丈夫和妻子、恩師等對自己很重要的人，「想像」要做什麼事，他們才會開心。各位一定多少都有這種經驗，例如為對方選生日禮物、構思約會行程、設計一個為對方慶祝的場合。

如果你曾有這些經驗，你就已經體會如何想像顧客，你也會知道，不需要再去培養、磨練什麼特別的技能。那麼，為什麼在商業社會裡，這會被當作困難的事？因為大家都忘了，這其實就是最基本、最重要的「看人」。

每天都看人，並從事商業行為，日積月累之後，顧客自然會進入到我們的腦海裡。這會和了解顧客連結在一起，讓想像更容易。所以我們要常常看著人來經商，充分了解你的客戶，想像顧客的容貌來做生意。

這就是在顧客消滅時代、價格上漲時代裡，最堅實的商業基礎。

第6章

找回你失去的營業額

1 提升顧客眼光，高價也不怕

我從很早以前就一直提倡一個概念——「專業（master）經商」。我第一次寫下這個概念，是在二〇〇一年出版的書籍《找回失去的「營業額」！》（「失われた『売り上げ』を探せ！」，日本FOREST出版社），所以已經是二十多年前的事了。

所謂的「master」，就是專家、老師的意思。在當時，社會上普遍認為「顧客就是神」。意思是商人應該要用這種心情對待顧客，但如果稍微搞錯，也很有可能誤解為，商人是比顧客還要低下的存在。

但事實不應該如此，買方和賣方本來就應該是對等的，而且商人在自己的商務領域中，了解的要比客人詳細多了。同時，客人不了解自己理應知道的事而吃了不少苦頭，不知道其實有更輕鬆的世界。

既然這樣，**商人就應該要解決這個問題，成為「師父」**，提供客人有益的價值。在這個意義上，**客人應該是類似「徒弟」的存在。**我就是以這樣的想法出發，創造了專業經商的概念。

實際上，我認為買賣原本就成立於這樣的關係之上。一般認為交易起源於以物易物，最初的型態就是住在山上的人對住在海邊的人說：「山上有這麼好吃的香菇！」而住在海邊的人則說：「這種魚要這樣吃最好吃！」互相指導對方並交換物品。當然，我們沒辦法實際驗證這個說法，但我認為最初肯定是這樣的。

專業經商也是一樣，商人告訴顧客他們還不知道的價值，從顧客身上獲得對價。而所謂的「master」，換句話說就是價值的遞送員。

近年來，幾乎已經沒有人會說「客人就是神」了。我認為，商人、店員和顧客的地位平等的意識也越來越抬頭。當然，有時候也會出現奧客，但這種人就會遭到社會強烈的批判。

然而，在這個價格上升的時代裡，專業經商的重要性，正以另一種不同的形式持續提升。

人們沒有想要的東西，是我們還沒告訴他們價值何在

在第二章，我談到了資產偏好。有一種說法是，人們不使用原本作為以物易物的交換手段——金錢，是因為他們沒有想要的東西。我認為這個說法有一半真實，因為我是這樣想的：如果顧客覺得沒有什麼想要的東西，是因為我們沒有好好傳達，他們可能會想要的商品的價值。

正因如此，專業經商的功能——傳達價值，現在正不斷提升。社會上充滿了各式各樣的商品與服務，專家的任務就是告訴人們，該把金錢和時間用在什麼東西上才有意義。

我相信你一定也有這樣的經驗，之前不那麼想要或是需要某項商品和服務，但自從有人告訴你它的價值後，你就發覺這些商品對自己的價值是什麼。結果，對自己的人生而言，它就成了「有意義的東西」。

在此讓我談談自己的經驗。

有一個眼鏡品牌「MonkeyFlip」，總公司位在愛知縣名古屋市。我在將近二十年前，曾去過這間店的名古屋直營總店。

消費者適合什麼，商家更懂

至於，我為什麼會去那間店？是因為這間公司的社長岸正龍參加了我的實踐會主辦的集訓營。當時這位社長帶了好多副眼鏡來，在一天當中用眼鏡「換裝」了好幾次。

這位社長同時也是該品牌的設計師，因此當時大家說著：「真不愧是設計師！好時髦！」但對我來說卻非常衝擊，因為當時我根本沒想過換眼鏡也可以像換衣服一樣。

雖然自己這麼說有點不好意思，但我在中學時期受到日本時尚品牌「VAN」的洗禮，自認為還算時尚。挑選衣服時，都會搭配時間、地點和場合；在演講時，也會思考自己要帶給聽眾什麼印象而搭配服裝，這對我來說已經是理所當然。

即使如此，一提到眼鏡，我還是只會想到度數合不合而已。因此雖然我擁有很多衣服，卻只有一副眼鏡。因為我沒想過會需要更多眼鏡，也不想擁有更多。

發生了這件事後，我光顧了「MonkeyFlip」總店。一進店裡，就有位女性店員來招呼我，並表示：「歡迎光臨，恭候您多時了。」但是她沒有向我介紹陳列在店裡的各種商品，而是拿出一副擺放在托盤上的眼鏡，並這麼說：「今天希望小阪先生您，能試戴看看這幅眼鏡。」

這副眼鏡的顏色和設計非常奇特，如果我自己去逛眼鏡行，絕對不會選這副眼鏡。或者說，我根本連看都不會看。但店員不斷鼓勵畏縮的我：「今天請您務必要試戴看看這副眼鏡！」

就在半信半疑之下，或許是說非常懷疑之下，我戴上那副眼鏡。沒想到戴上以後，我真是嚇了一大跳，真的非常適合我。

自此之後，我就經常會去「MonkeyFlip」消費，每次店員也總會向我推薦各式各樣（而且大多數都是令人非常意外）的眼鏡：「今天務必請您試戴這副眼鏡。」也因此，換眼鏡和換衣服一樣，成了我人生中理所當然的事。

這就是專業經商。對我而言，「MonkeyFlip」就是邀請我進入未知世界的行家。他們是專家，告訴顧客還有哪些是他們不知道、但該買的東西，教導客人金錢與時間的使用方法。藉此，他們也會替客人打開「新的日常」的大門，這就是專業人士。

此後，「MonkeyFlip」也持續不斷進化。目前總店已不再像當時那樣，提供「請務必試戴看看」的服務了。而店長也成為了更符合目前品牌定位的男性，立志成為將眼鏡從名古屋傳遞到全世界的品牌，在專業經商的道路上持續邁進。

「你適合這個！」比顧客還了解顧客的需求

我第一次光顧「MonkeyFlip」總店時，對方為我做決定——「請試戴這副眼鏡」，這個態度就是專業經商的特徵。「要買的話，就買這個」、「你的話，適合這個」，賣方大都會為買方挑選、決定，並積極推銷。

在第四章，我提到了寢具店「ITOSHIYA」，迪士尼樂園成為它的內部參考價格，店老闆大杉就是睡眠的專家。他本人也自覺到這一點，為了要提升身為專家的實力，他不僅十分了解日本國內的製造商，對海外的廠商也有研究。他甚至還去過羽毛的產地，試圖學習更多關於寢具的知識。同時他也想在學術方面研究人類的睡眠。

然而，在他店裡陳列的寢具，種類其實不算多。這不是因為店面狹小、沒有空間，而是他身為專家，僅鎖定了某些商品：「如果要買寢具的話，就要買這個。」

例如兒童用的棉被，在他的店裡只販賣一種品項。顧客有各式各樣的人，而且每個人都有不同的預算，商品卻只有一種，因為他要表達的正是：「要買的話，選這種就對了。」

但這不代表不能讓客人選擇，**專家會告訴客人他們還不知道、卻應該買的東西是什麼**，教導顧客如何妥善使用金錢與時間。來到店裡的消費者還不知道自己該買什麼，很有可能會買不應該買的東西，這或許會成為錯誤的預算分配也說不定。既然如此，專家就應該告訴顧客該買什麼商品才好、該如何正確的分配預算。

因此，大杉會詳細的告訴顧客該項商品的價值。有時候有些客人無論如何都想買較便宜的東西，那麼老闆就會詳細告訴他能找附近的哪些業者，甚至還會告訴他怎麼去。他不會不由分說的推銷，採取的態度反而是「告訴消費者有一個新世界」。

而最終的結果，就是無論客人來到店裡時的預算多少，他們大多數都會買大杉推薦的商品。

如果各位也能像這樣成為各自領域的專家，向顧客展示一個新的世界，那麼預算上限就不再存在。如果客人能夠覺醒，了解過去所不知道的價值，那麼價格就會跟隨價值，顧客也會跨越消費的兩道難關。

商家領進門，掏錢在個人

我再介紹一個專業經商的例子。在第二章我曾提到一家位於偏遠小鎮的迷你超市。

這個超市位於商圈人口八百人左右的小城鎮，店鋪面積大約是四十五坪左右。儘管面積很小，一踏進去卻會讓人大吃一驚。外觀乍看之下是非常普通的超市，但不知為什麼，超市的紅酒賣場卻異常的充實。店裡甚至還陳列著被譽為香檳王的「唐培里儂」（Dom Pérignon），而這種酒理所當然的非常暢銷。

其中的原因，就是因為老闆鈴木，長年向四周的居民推廣紅酒的價值。如此培養顧客的結果，讓紅酒賣場逐漸擴大。到了現在，甚至還賣起了如此高級的商品。

就連鈴木過去也認為：「像我們這種鄉下，根本沒有人會喝紅酒這種時髦的東西。」實際上，當時在三個月裡，紅酒大概也只能賣掉五瓶左右。起初在進貨時，店家就很少進紅酒。

但是當他從某個時刻起，開始以專家的身分向大家推廣紅酒的樂趣，並經過長年努力後，這個地區的客人慢慢的也越來越了解紅酒。

重要的是培養客人的觀點。當我們要販賣有價值的商品時，只要顧客擁有素養、能充分了解其價值，那麼就能更確實的將商品價值傳達給對方。

培養客人很花時間。但另一方面，人腦有個特點，被稱為「可塑性」，只要一了解其價值後，就回不去了。就算是從前對紅酒一點興趣也沒有，一旦體會了紅酒的美味與樂趣之後，就再也無法回到不了解紅酒的階段了。接下來，他們就會開始到店裡，開拓更多未知的新世界，並強化喜歡紅酒的自己，一步一步成為了解其價值的顧客。

不用多說，這麼一來，客人就會買更好（高價）的商品，而消費的單價也會越來越高。

為了保險起見，我要再重申一次，這個案例不是發生在表參道上的高級超市紀之國屋，而是商圈人口大約八百人、偏遠城鎮裡的超市。

提升顧客眼光，好（高價）商品不怕沒人買

人們總是會在客層裡，找一些高價商品賣不出去的理由，例如「因為我們是鄉下」、「因為我們這邊沒什麼有錢人」等。當鈴木對同業敘述自己店鋪的例子時，很多人就會回：「哎呀，那是因為鈴木先生你的地區有很多優良的客人，要是我們那邊的話，實在是沒辦法……。」但很多時候，事實並非如此，我相信各位也已經了解，缺乏的並不是好客人，而是沒有引進門的專家。

只要有專家，顧客就能了解過去不認識的新世界，並能享受其中的樂趣，成為了解價值的客人。這麼一來，更高價的商品自然就賣得出去。在此再為各位介紹一個典型例子，這是來自位於會津若松的和服店「Iori-Hazuki」（庵はづき）。

日本和服市場在一九八〇年代達到高峰，大約是一兆八千億日圓（按：約新臺幣三千九百六十億元）。到了現在只剩下兩千七百億日圓，縮減到剩下六分之一左右。除了長久以來「脫離和服」的風潮之外，更因為新冠疫情影響，讓成人式等各種穿著和服的慶典儀式大幅減少，和服店因此更難經營。

在一片這樣的氣氛中，這間店自從平成十三（二〇〇一）年，由於吉川惠美子自己對於和服的喜好越來越濃厚、進而開業以來，營業額就一路不斷的成長。

但這不是因為這間和服店恰巧聚集了很多喜歡和服的同好，或者有錢有閒的人。有許多客人都是過去完全不穿和服，或者是普通的上班族。據吉川說，經常有客人帶著感激的心情對他們說：「要不是認識妳，我絕對不會迷上和服。」也就是說，她也是一位專家。

她說：「當我教導顧客更多關於和服的樂趣後，客人也越來越迷上和服，眼光也越來越好。」她說，重要的是要讓客人看好東西，至於他們買不買倒還是其次，重點是要培養顧客。其結果，就是「更好的東西＝高價商品」賣得更好。

這間店還受到和服創作家，以及擁有許多優良商品的批發商強力支持，因此越來越能獲得高品質的商品。顧客能看到高雅的和服，甚至還能直接與和服創作家對話，眼界又更提升了。

最近幾年，這間和服店不光只是賣和服，也非常致力於經營穿著和服教室。除了穿和服的課程之外，他們還有茶道課程、香道（按：日本傳統藝能，主要為焚燒香木、鑑賞香氣）課程、皮拉提斯課程等，範圍非常廣。

而且他們的想法是：「我們教導顧客，是為了讓他們能與和服一起，過著更美麗、更快樂的人生。」

就算市場不斷縮小，或是小鎮人口不斷減少，還是有商家不斷成長。而在這些地方，都有專家存在。同時，店家會傳輸價值，並一邊獲得報酬，一邊培育顧客，讓他們了解商品的價值所在。

2 所有的產業，都是在教育消費者

談到專業經商，經常會有人詢問：「可是我還沒有達到足以稱為專家的地步。」、「要提升自己的水準到什麼程度，才能稱為專家？」

這裡有個誤解，我必須先為大家釐清。我想要拿第五章提過的那間文具店PAPIRUS中，「打印名字的工具」作為題材。

別一心想成為專家？你就是專家

這間文具店每到春天入學的季節，就會以準備孩子小學入學用品的父母為對象，製作小學入學用品確認表，同時也會介紹各式各樣的用具，當要在小學用品上寫名字、印上名字時，就能派上用場。他們統整了「意義」之後，一起推銷。

藉此，很多顧客會利用這個確認表和打印名字的工具，由於小孩子初次上學，很多事父母都不知道該怎麼做，這樣一來也能消除他們的不安。對於店家來說，這麼一來，也能改善過去有時甚至得花一小時應對單一客人的狀況。甚至因此和客人之間更有話題可聊，有時候甚至還能進階推銷入學後需要的讀書輔助商品。

店老闆渡邊寬之認為，這其實不是什麼了不起的事，但我覺得這就是很厲害的專業經營。也就是入學準備的專家、打印名字的專家。

我想要說的是，有很多資訊對我們自己來說理所當然，但對客人來說，卻是他們不知道、重要的事。

也就是說，有許多商務人士早已經是某種專家了。你不需要特別學習什麼專門的知識和技能，其實有很多事你早就會了。文具店的例子就告訴我們這個道理。

電影《駭客任務》（*The Matrix*）裡有一句經典臺詞：「別去想你是誰，要明白你是誰。」（Don’t think you are. Know you are.）而我就要引述這句話，改成：「不要想要成為專家，要確信你就是專家。」

所有的商業，都能成為「教育顧客產業」

各位已經擁有身為專家的知識了。重要的是，你能不能將對你而言理所當然的知識，用簡而易懂的話語傳達給對方。

讓我舉個例子。這是前面提到、靜岡縣島田市的有限會社大塚製茶，前面我們舉了B2B的事業，但他們也以「Sasuki Green Tea」的店名，推展B2C事業。

這間店為了要向顧客傳達自家商品的價值，下了各式各樣的功夫。其中最獨特的，就是用「壽司」比喻茶葉的種類和等級。

「以壽司來說，這種茶葉就是鮪魚大腹。」他們一邊這樣說明，一邊請客人試喝，顧客就會覺得：「原來如此！」接著更會說：「真不愧是鮪魚大腹！」、「那我今天買中腹和赤身好了。」客人會在了解價值後，進一步購買商品。

提到這一點，其實這間店還跟一個名為「Sasuki Land」（さすきランド）的設施相連。裡頭除了有很多遊樂設施給小孩子玩之外，還有餐廳、參觀工廠、泡腳浴等。他們規畫了一個空間，比商店本身還要廣闊，而現在也還在擴建中。一到假日，這裡簡直就像是個主題樂園。他們也經常招待當地幼稚園的孩子們，甚至還為此買了巴士。

這些活動當然會創造出更多未來的顧客。但最重要的觀點是，他們其實正在實行教育活動，來推廣茶葉的價值。

我在前一本書《「顧客消滅」時代的行銷》中提到：「所有的商業活動，都會成為教育產業。」而專業經商，正可說是某種教育產業。

重要的是把客人培育成了解價值的顧客。如果他們越了解其中的差異，就越會覺得「對高品質的商品，要付出相對應的報酬」。為了達到這個目的。關鍵就在於你是否能簡而易懂的傳達，身為專家所擁有的知識。

我要告訴大家的是，為了成為專家，你不需要知識，而是需要自負。以下介紹另一個例子。

仙台有一家住宅設計改建不動產公司「株式會社 Suikoo」（スイコー）。

這間公司一直以來都非常重視耐震機能，這是他們公司的中心思想，他們也不斷對顧客訴求這一點。

成為客戶的價值，而不是被客戶選擇

但是要進行嚴密的耐震工程，費用很可能高達數百萬元，不是每位客戶都能接受這樣的提案。不過，這家設計公司也不想用聳動的說法來推銷：「可是地震來了，房子會倒塌。」公司的業務千葉由章就表示，自己也曾經煩惱，不知道怎麼傳遞自家公司的服務價值。

就在這樣的情況下，二〇二二年三月十六日，宮城縣和福島縣出現了震度六級的地震。

地震過後，他立刻與顧客聯繫，完成耐震工程的顧客都異口同聲說：「我們這邊沒事！」、「沒有任何災情，我們家搖晃的程度比別人家輕微多了。」、「我們家都說，當時有施工實在太好了！」並表達感謝。但另一方面，沒有施工的客戶們，都出現了災情。

千葉見到這種狀況，感到非常後悔。對於沒有進行耐震工程的客戶，他想的不是「客人沒有選擇我們」，而是「我們無法成為客人的價值，這真是我們的責任」。

我聽了這席話後深深覺得，這個想法正是專家的原點。

如果認為傳達商品和服務的價值是自己的責任，那麼傳達的態度也會改變。有的人因為只想著賣不賣得出去，而無法強力推銷。但如果能改變想法，認為「如果不把這個價值傳達給客人，會讓客人損失」，自然而然話語中就會有說服力，也會轉而思考要怎麼表達會更好。

不是客人沒選擇我們，而是沒能成為客人的價值，是我們的責任——邁向成為專家的道路，就從這樣的想法開始。

3 顧客要的不是折扣，而是美好未來

我一直強調專業經商的重要，不光是因為這是在價格上升時代，生存下去的重要手段，而是因為這也是守護我們引以為傲的技術與傳統。

老店堅持專業，也是守護傳統

東京都板橋區有一間名為「坂井善三商店」的店家，製造與零售自家製造的醃漬物。他們販賣的醃漬物種類很多，根據老闆坂井清峰說，各式各樣當季的蔬菜，都會配合適當的時期醃漬。就他所知，東京都內一年之間只銷售自家製醃漬物的製造零售業，就只有他們這家而已。

東京都內有很多醃漬物商店，不過其他店家只有少數一部分商品是自家製的，有些店家甚至全都是批貨來賣。

我不是要說進貨來賣這件事不行，但如果坂井的店消失了，那麼這項技術和傳統，還有其中包含的價值，會何去何從？

實際造訪坂井的店鋪時，讓我印象非常深刻。有一對二十多歲、看起來很時尚的情侶，與我擦身而過走出店面，當時我聽見他們的竊竊私語：「這間店真的很棒耶。」

我的朋友中，也有很多人支持坂井的醃漬物。我也經常聽說一些完全不吃醃漬物的小朋友，卻非常喜歡吃坂井的店鋪賣的醃漬物。

坂井提供的，確實是作為商品的「醃漬物」，但它能讓社會更豐富，我認為我們應該把這種東西稱為「文化」。而在今天這個社會，文化正在快速流失。

例如前述大塚製茶的大塚也說：「現在真的很少人會用茶壺泡茶了。」在製造茶葉時，有些茶葉是專門為了用茶壺泡開而製的。如果失去了用茶壺泡茶的文化，那麼整個製茶文化也會跟著消失。

在近年產業結構、生活樣貌的變化中，很多技術和傳統就這麼逐漸失傳。

商業要永續發展，不能缺少專業經商

永續發展目標（SDGs）已成為近年來的潮流術語，各領域都在追求這個目標，而商業也不例外。不只環境需要永續發展，生活和商業活動也需要，這種意識越來越高漲。

在新冠疫情爆發前，亞洲各國許多中小企業經營者紛紛來到日本，學習日本的經營學，因此當時有一系列的課程講座。那時我負責了系列中的行銷課程，而我在課程中講的是「商業的永續發展」。

我的課程宗旨非常單純，就是商業的永續發展，必須有足夠的顧客，而這些顧客要能持續購買。為了讓各個企業都能實現這個宗旨，我就像在寫這本書時一樣，一邊舉了很多實際的案例，一邊說明具實踐性的行銷理論與手法，許多經營者都表示獲得了非常多感動與啟發。

為了達到商業的永續發展，我認為專業經商是不可或缺的。賣方若能身為專家，傳遞商品價值；而顧客在了解其價值後，成為了優良顧客並支持其價值，就會不斷以適當的價格購買。

如果這樣的循環能持續下去，不僅能延續自己的生意，也能守護透過這個商業所實現的文化，我真心如此相信。

在第一章，我說到如果沒有辦法從便宜賣的束縛中逃離，那麼日本整個國家的水準都會下降，這將是嚴重的問題。而專家的存在，正是日本文化今後存亡的關鍵，這麼說絕非言過其實。

「成為專家」絕非什麼誇大而困難的事，重點是你和你的公司要意識到，你們早就已經是專家了，並要有意識的走向這條道路。如此一來，未來將會有什麼樣的世界在等著你？這裡我想舉一個具體的例子供大家參考。

一間位於北海道新日高町的鞋店「footloose」（フットルース）適逢十週年紀念。這間店面原本設在一個購物中心裡，十年前購物中心破產倒閉，因此店家就重新在外面開設門市，當時他們強調的特色是「不對腳造成負擔的鞋子有多重要」。

自此以來，他們就以專家的角度，不斷致力於向顧客傳達概念：「不對腳造成負擔的鞋子非常重要。」讓顧客了解要從腳開始思考健康。

在十週年的同時，店老闆妹尾巨知首先決定不舉辦常見的「十週年紀念大特賣」，因為這實在不是這間店的風格。他們的想法不是希望藉由打折和送禮討客人歡心，而是希望能收到顧客的祝福。恰好當時正值春天，也就是櫻花的季節，因此他們想到：「不妨讓客人在櫻花的花瓣上寫下祝福，貼在窗戶上！」

接著，他們在每個月發行的通訊刊物上向顧客呼籲，同時也把櫻花粉色花瓣形狀的便條紙放在信封裡寄出去，之後就陸續收到了顧客的回信。

值得注目的是其中的內容：

「託你們的福，我慢慢學習到了關於腳的知識。一回過神來，我已經會開始從腳來思考健康了。」

「謝謝你們讓我知道走路的重要。」

「直到七十歲，我才第一次知道照顧腳有多重要，謝謝你們教會了我這一點。」

許多顧客都寫下了店家教會他們什麼，以及感謝的心情。這是一家鞋店，但是對客人來說，它是超越鞋店的專家，教會了他們鞋子的重要性以及健康從腳開始。

迎接十週年紀念時，店家的窗戶上貼滿了客人寫上祝福的粉色花瓣紙條，就像是開滿了櫻花一樣。

請各位成為專家，客人也正等著你，向他們展現一個他們還未知的世界。你的商務如果也能向專業經商更進一步，那麼在價格上漲的時代，就不需要在意價錢，繼續經營。

不只如此，就像老闆妹尾的窗戶上盛開的櫻花紙條一般，可以受到顧客的喜愛與信賴，也可以經營讓人感到快樂的生意。

第7章

藝術的特徵：不再被成本綁架

1 三個訣竅磨練定價敏感度

前面談了很多方法，告訴各位該如何應對價格上漲的時代。不過，說不定有人很不滿的想：「說到底，商品到底要定多少錢，還不是要觀察顧客、最後自己決定。到底要怎麼定價，難道就沒有什麼簡單的公式可以套用嗎？」針對這個問題，我只能回答：「沒有。」

不能光靠靈光一閃，需要知識與案例為根基

因為關於什麼商品要設定多少價格，最終還是要回歸到敏感度的世界。

過去制定價格的方式，大都以成本大約占三成為基準，並自動的、機械化的設定。但這種定價方式，隨著工業社會的結束，進入「有意義的消費」

時代後，就不再有價值了。

在有意義的消費時代裡，最重要的就是顧客的感性。這麼一來，賣家也必須磨練「定價的敏感度」。

所謂定價的敏感度，不單是指決定適當價格的技巧，也必須有能力理解顧客所感受到的價值，設定妥當的價格，並且把價值傳達給每位顧客。正因為這種能力不再停留在價格這個狹隘的層次了，所以又稱為「創造價值的敏感度」。

例如「tinas-dining」的老闆，從批發商那裡聽說了肉質有橘子味的「橘子豬」，就突然靈機一動。而且，他以高於過去野豬肉火鍋的價格——三千五百日圓，提供了新的料理，甚至還創造出一年能賣出一千三百客的好成績。

但是老闆說，過去他一定也曾聽過這種豬的資訊，但他當時沒有靈光一閃。也就是說，他這種設定價格的敏感度，在當時還沒有啟動。

然而，他參加了我的實踐會、開始學習，並看過各種實際案例後，在不知不覺間培養了敏感度，並在某一個時刻靈光一閃。沒錯，這種敏感度是可以訓練並提升的。

先嘗試漲價，再看看有什麼變化？

那麼，我們要怎麼訓練自己的敏感度？首先就是要親身嘗試。

例如，先思考「把某件商品的價格提升到○○日圓看看」。接著，請想一想如何對顧客傳達其中的價值。接下來，請實際漲價試試，並觀察顧客的反應。

這樣嘗試下來，或許有的時候會成功，有的時候會失敗。如果成功了，就請持續下去；失敗的話，就要重新思考為什麼會失敗，接著再次設定新的價格和傳達價值的方式，再度挑戰。

這樣反覆嘗試幾次之後，你的敏感度就會呈螺旋狀上升，因為人的頭腦結構就是這樣。

在第六章關於紅酒素養的篇章，我提到了「人腦的可塑性」，這和提升你大腦的敏感度有密不可分的關係。

日本東洋大學教授兒島伸彥，是腦部可塑性的研究者。他表示人的腦內有稱為神經元（neuron）的神經細胞，藉由突觸（Synapse）相互連結，並形成像電子電路一般的網絡，傳達各種資訊。

但是它又和電子電路不同，突觸會記憶人的經驗和學習到的東西，並且變化。同時突觸還會變大、變小，控制資訊傳達的難易度。這種突觸變化，便稱為「突觸的可塑性」。

藉此，例如一個人第一次騎腳踏車的時候不太會騎，但騎了幾次、跌倒幾次後，他的身體學習了該如何動作，之後慢慢就會騎腳踏車。也就是說，重複「試試看↓思考↓再次嘗試」的過程，你的腦部也會漸漸自動成為「做得到」的腦。

就像可塑性這個詞一樣，一旦突觸被強化，就不會這麼容易恢復原狀。學會騎腳踏車的人，就算一陣子不騎，也還是記得騎腳踏車的方法，這就是因為有可塑性。也就是說，只要學會了，就永遠都會。

你的敏感度也一樣，只要提升了之後，就沒有那麼容易下滑。

這裡我必須再重提一次，重要的是先嘗試。

從我開始從事現在的工作至今，已經有三十年左右的時間了。在這些年裡，我真的接觸了非常多人，如果化成數字的話，那可能是好幾萬人，甚至好幾十萬人的程度——每一次演講大約會有一千人以上，有時候同一個講座在幾年間，參加人數會成長到五千人以上——換句話說，我接觸過這麼多公司經營者和商務人士。

評價主義看重成果，實驗主義看重學習

藉由這樣的經驗，我強烈意識到一件事。我發現許多人非常專心的聽講，也非常專注的讀書。但如果要問有多少人會活用聽到、讀到的內容、並親身實際嘗試，那麼這個數字會一口氣下降很多。

但如同前面提到的大腦可塑性一樣，如果不實際試試看，就沒辦法提升自己的能力。

某一次，有位朋友剛加入我的實踐會，他說了一席話，讓我恍然大悟。有些人會不間斷的行動，並獲得成果；但也有很多人常常遲疑、無法踏出最初的第一步。其中的差異，就是要看這個人是屬於實驗主義，還是評價主義。

所謂的評價主義，看重的是實際做了之後，結果做得到還是做不到。最

終這種人就會害怕做不到，也就是失敗，而這也導致他們不敢踏出嘗試的第一步。

但另一方面，實驗主義則是誠如字面上的意思，所有的嘗試都是實驗，所以這種人看重的是試了之後學到什麼，而不是做得到或做不到。

這個意見真是非常有深意，我認為這個理論很有道理，而且我還有一些想法要補充。

的確有很多人屬於評價主義。再加上近年來社會上有一種風氣，總是想要趕快找到答案，更像是在鼓勵大家要信奉評價主義一樣。但我知道有很多人和公司雖然一開始具有這種特質，但後來都成了「做得到」的人。在本書出現的例子裡，也有非常多這種人。

把顧客的正面聲音化為力量

那麼，想要把評價主義類型的人轉變為實驗主義，也就是要不斷實踐並提升成果的話，應該怎麼做？其實其中是有訣竅的。

訣竅之一，就是「把顧客的聲音化為力量」。

希望各位回想一下第五章提到的「濱田紙業」案例。這間公司的員工所發起的小短語活動，在與顧客建立關係時，發揮了很大的作用，同時也提高了公司的收益。

實際上，開始這個行動的契機，是因為某位員工收到客戶正面回饋的明信片。在多次收到顧客的回饋後，這個行動就慢慢擴散開來，最終成為全公司一起推行的活動。

有了顧客的正面回應，就會大大提升動力，大家也會漸漸的想嘗試。

不僅員工如此，事實上老闆也是如此。在第五章提到的事務機販賣與維修的公司「ITOH inc.」的老闆高村，在開始寫感謝明信片的半年後，從業務員口中聽到：「我去拜訪客戶時，對方告訴我：『收到貴公司社長的明信片囉！』」這樣的回饋逐漸增加，他自己也表示，這對他來說是很大的動力。

這就是所謂的正回饋、積極回饋（Positive feedback）。聽到對方喜悅的聲音，人們就會覺得自己做的事會讓對方高興、自己幫得上忙，自我肯定感也會提升。我把它稱作「靈魂的饗宴」。

以這個意義來說，傾聽客戶的聲音，或者製造能聽到顧客聲音的管道，都是訓練敏感度時很重要的一步。

然而在現今的公司、企業中，有很多都缺乏管道去傾聽顧客的聲音。很多公司設有窗口處理客訴或回答問題，但這種管道無法蒐集客戶喜悅的聲音。

我的實踐會成員，就有很多公司會透過日常接待客戶的機會，特別注意蒐集顧客正面的意見，或者是直接對客人說：「您喜悅的聲音，對我們來說是無上的鼓舞！」並積極蒐集正面回應。

一個人埋頭蠻幹，容易走進死胡同

第二個訣竅，就是「不要一個人埋頭苦幹」。

一個人能夠想到的事、發揮的創意都有極限。如果走到極限，就會讓人悶悶不樂。

當我在寫這本書時，光靠自己一個人，有些時候也實在寫不下去。這時我就會和編輯聊一聊，或者是找朋友討論。這樣一來，通常都會有很大的收穫，幫我找到突破口。原本覺得悶悶不樂的壓抑感，也會突然間煙消雲散。

我主持實踐會已經二十二年了，這個實踐會不只是不同行業的交流會，也不是商業沙龍。如果要以學術研究來說，可以稱為「實踐社群」，目的是為了活用集體的智慧。

在這個實踐會裡，我們不是單方面的學習知識，而是重視參加者彼此報告自己的活動。在這樣的場域裡和其他人交流、互動，就會發現一些自己一個人想不到的點子與想法，能夠解決原本解決不了的問題，或者找到解決的線索，發現自己沒有察覺的錯誤。

新冠疫情期間，更讓我深感場域的重要。從日本最初二〇二〇年四月七日發布緊急事態宣言到解除為止，我幾乎每天都和會員們舉行線上會議。因為我們認為，新冠疫情是前所未有的嚴重事態。

人數比較多的時候，會有兩百人以上加入會議，我們每天都會在線上見面。在這個過程中，我發現人只要有這樣的場域可以參加，就會更有精神。

因為疫情導致顧客消失，店面也無法繼續營業，不知道未來會變得怎麼樣。在這樣的不安之中，因為每天見面的關係，許多人因此獲得了救贖。

對人們來說，不要孤單一個人，比想像中更重要。

因為覺得有趣，所以能訓練敏感度

我還要再提一個很重要的訣竅，就是「感到有趣」。

慶應義塾大學的井庭崇教授，也是我的共同研究者，他就把這個實踐會當成一個實踐社群的絕佳例子來研究。他寫了一本書《產生器》（ジェネレーター）。透過這本書，可以獲得很多培養人才、組織方面的啟發，能夠幫助磨練、提升敏感度，是一本內容非常優質的書。

這本書的共同作者市川力，在書中提到一個和小學生合作的專案。他指出，要判斷一個專案是否只停留在學習，還是能超越學習，其中的分水嶺就在於是否能讓孩童覺得有趣。他接著提到：「所謂的『感到有趣』，就是下功夫接受很麻煩的事。這其實並不有趣，而且也不會令人舒服。明明會讓人覺得為什麼非得做這種事不可，卻非做不可。即使很辛苦，卻會感到樂趣。最終小孩子們就會把這種狀態稱為『痛苦的有趣』。」

對長年主持實踐社群的我來說，這個表現方式完全深得我心。

我的實踐會成員也經常會說：「實踐並不輕鬆，但是很有趣。」接著，如果開始感到痛苦的有趣後，就會對「做、實行」感到興奮期待。這正是不能不做、非做不可的狀態。所以即使原本是評價主義的人，也會轉變為實驗主義，這樣他們就能不斷持續。

要磨練設定價格的敏感度，只能靠實踐。這麼做當然不會永遠成功，有時候也會遇到很辛苦的狀況，尤其是當所有東西的價格都上漲，沒辦法隨心所欲設定價格的時候。但是找出有趣的部分並持續進行，直到達到「痛苦的有趣」，你就一定可以持續下去。

2 提升到藝術層次——想想莫內的畫

我和橫濱美術館負責與外部聯繫的襟川文惠對談時，聽到了一席令我非常感動的話。她說的是關於藝術與商業、價格的話題。

在文藝復興時期，會下訂單購買藝術品的，都是梅迪奇家族等超級有錢的人家。他們會向達文西（Leonardo da Vinci）、拉斐爾（Raphael）和米開朗基羅（Michelangelo）這些偉大的藝術家提出要求：「請你們製作這樣的作品。我會付這樣的金額。」當時的下訂，當然會參雜訂購者的喜好。這三個人的作品，儘管各有特色，但還是有很多共通點，因為他們必須在訂購者的要求下完成作品。

但是之後的時代，藝術家們就可以製作自己想做的作品，而顧客也願意購買。至於要賣多少錢，就是藝術家的自由了。換句話說，價格決定權從訂購者，轉移到製作者。

這麼一來，作品也會變得富有個性。例如莫內（Claude Monet）、畢卡索（Pablo Picasso）、馬諦斯（Henri Matisse）等人的作品，不管是誰來看，都會覺得不一樣。也就是說，價格決定權到了製作者手中後，藝術的世界就變得更多采多姿，更有魅力。

藝術的特徵就是「跳脫成本，獲得自由」。

就以碗為例吧。比方說定價差不多一千日圓的碗，和定價好幾萬日圓的陶藝家作品，這兩者的製造成本其實應該差不多，但價差會差到十倍以上，有的時候甚至會差到一千倍以上，這是因為後者是「藝術」的緣故。

換句話說，如果你的商業能成為藝術，就不會再被成本綁架，而且能自由的決定價格。

讓自己的生意成為藝術

說到藝術，或許會讓人覺得難度很高，但實際上任何東西都可以成為藝術。其中象徵這一點的，就是日本的美術評論家柳宗悅的「民藝」（民眾的工藝）概念。

柳宗悅認為，民藝產生於風土，扎根於生活，因實用性而帶有健全之美，並從中找出新的美感。這種概念同時也是意識到，隨著工業化的進展，大量生產的製品逐漸浸透到生活的時代潮流，所提出的一種反論。

這正巧和本書所提出價格上漲時代的發想，是對工業社會的一種反論，在意義上不謀而合。

在第六章介紹的「坂井善三商店」，老闆坂井所製造的，與其說是單純的醃漬物，更應該說是一種文化，也是一種藝術。宗禪的老闆山本製作的雪餅，也是如此。

這不是因為他們很特別，世界上許多生產者與師傅製造出來的產品，其實有很多都已經算是藝術了。藝術不只侷限於物品，被顧客拿來和迪士尼樂園比較的寢具店「ITOSHIYA」，提供獨一無二體驗價值的野味料理店「tinas-dining」，這些都可以說是藝術。

為了將自己的事業提升為藝術，首先就應該要多接觸藝術，來鍛鍊自己的敏感度。前面提到的襟川也說，儘管自己是位商業人士，卻仍會頻繁造訪美術館。

隨著這樣磨練自己的敏感度，希望大家能一邊思考，自己經手的商品該怎麼做，才能更接近藝術。如果你的「作品」能更接近藝術，就能擺脫價格的束縛，獲得自由。

縮短營業時間，業績反而提升

為了達到這個目的，我們應該要做什麼事？答案非常簡單，重要的就是要找出時間。

「偏遠小鎮上的迷你超市」老闆鈴木最近增加了一天公休日，把店鋪的公休日定為兩天。具體來說，就是原本是週三公休，但現在是週二、週三都公休。

以超市這種行業來說，增加公休日實屬特殊案例。因為對零售業來說，開門營業的時間越長，本來應該是越有利的。

那麼，為什麼他增加了公休日？他表示：「因為一天要拿來完全休息，另一天要拿來準備。」也就是說，增加的一天休息日，不會開門做生意，而是當作準備日。

他原本的志向是創造一間有趣的店，但因為時間不夠，沒辦法做自己想做的事，也因此而煩惱。

然而，就在多設定了一天準備日，能為到店光顧的客人準備之後，他開始認為應該更提升價值。在這一天裡，他除了會打掃店內環境、更換商品陳列架之外，也會改善店內的裝飾和ＰＯＰ，並發送電子報等訊息，實行各種準備工作。

其實老闆鈴木剛開始時也非常煩惱。畢竟我們從沒聽說過哪間超市會週休二日。如果增加公休日，營業額會不會就此減少？

他足足花了三年的時間，才鼓起勇氣做這個決定。但是嘗試過後，營業額不但沒有減少，甚至還刷新了過去的紀錄，而且之後不管是銷售額還是來店消費的顧客人數，都沒有下降。

他本人說：「現在的客人比我想像的還要重視有趣度。」他甚至說，目前更開始考慮要週休三日。

最近雅虎也祭出了週休三日的制度。像雅虎這種最尖端的科技資訊產業，和地方上的超市都走向了同一個方向，可說是非常有趣的現象。

在這裡，我想要說的是，為了鍛鍊決定價格的敏感性，就要確保充分的時間。我實踐會的會員企業，都下了各式各樣的功夫，但是得知這些成果的人，卻經常會這樣說：「我真的很想要試試看，但是我沒有時間。」

如果一直拿沒時間當藉口，就永遠什麼也做不成。一定要下定決心騰出時間，並確保自己有充分的時間才行。

騰出時間，投資在人身上

過去有很多店家是在深夜營業或二十四小時營業，雖然因為新冠疫情而減少了，不過他們都是為了提升銷售額而長時間經營。然而，就像我先前提到的例子一樣，我的會員們反而都在做相反的事。

例如「tinas-dining」餐廳，由於營業額提升，因此停止了午餐時間的銷售，也終止了深夜營業。這麼一來，空出來的時間就能拿來休息以及創造價值。

從別的角度來看，減少營業時間，但銷售額、收益依舊增加，也代表生產力提升。儘管時間縮短，但取而代之的是將這段時間拿去投資，讓顧客能更享受消費的過程。

老闆鈴木的超市準備，不僅徹底打掃店面環境，同時也包括帶自家店員到農家，學習、了解販賣的青菜的知識。提升技術、加深知識、尋找更好的商品，自己也親身體驗有趣的事物，這些都會為提升價值帶來貢獻。

這間店在過去全年無休，營業時間從早上八點到晚上八點，在這樣的狀況下，根本沒辦法推行前面提到的活動。但如果不做這些活動，就沒有辦法提升自家店鋪提供的價值。

為了要增加休息日，重要的是要收取相對適當的報酬，也就是說必須提高售價。提高售價、獲得適當的回報，不要勉強工作，再進一步提升價值。請務必想辦法進入這樣的循環。

培養業務人才，傳遞商品優點，顧客就會上門

如果你是公司經營者、店長或董事階層，希望你務必意識到一件事：「最終，在這個價格上漲的時代裡，最重要的是對人的投資。」

近年來，數位化轉型（digital transformation）非常興盛。但是就算因為業務的效率化和高精密度而降低成本，也無法提升商業的本質性價值。商業的本質是「顧客×購買」，而且是持續性的購買。尤其是在「有意義的消費」世界裡，是否能提供顧客值得持續消費的價值，就成了關鍵。如果做不到這一點，就算再怎麼推動數位化轉型，也沒有意義。

而不斷提供值得持續消費的意義，這正是人的工作。

當然，我不是要否定數位化轉型，在本書中所說的守護文化這一點上也很重要。在勞動力缺乏的養蠶業界推動數位化轉型，讓過去花十個人手、好幾天時間才能完成的工作，在不到六個小時內就能完成，而且是一個人就能進行。在這樣的地方，我們也都看得見守護文化的影子。

但另一方面，有些事也會因為數位化轉型，變成不再是人的工作。在牛

津大學的各種研究都提到，人工智能將會大幅取代人的工作。有些是整個工作都會消失，不再存在。

人類依據人工智能的指令行動的狀況，也會逐漸增加。在行銷的世界裡，也出現了人工智能會提出「這一週應該去接洽哪些客戶」這類指令。在物流業界，也有人工智能可以決定應該按照哪些順序堆放行李。這些狀況已經拓展到各個業界了。

在這樣的狀況下，持續提供價值與意義，就成了人的工作，而且這項工作會越來越重要。經常觀察顧客、創造意義、傳達與傳授價值，如果推行這些工作，就會讓顧客持續的消費。

所以企業應該要投資在人的身上，培養能夠達成這些任務的人才。投資在這些人才身上，最終也就等於是投資在自家事業的持續性。

如果是小規模業者，就是要投資在自己身上，因為這關係到你自己的公司與店鋪的未來。

終章
成爲顧客心中無法取代的存在

在本書裡，提到許多在價格上漲的時代，應如何應對的話題。這一波物價上漲，並非暫時性的現象。要因應這個時代，就必須從根本改變長久以來過於根深蒂固、「漲價是不好的」意識。而這個大前提就是「提升價值、傳遞價值」。本書從這個觀點出發，談到如何設定價格、提高價格、專業經商的方法等。

但是我在本書中一直傳遞的本質，並非單純的「漲價的應對方式」。我要談論的最根本在於，在完全看不見未來的嚴苛商業社會裡，要如何讓自己的事業得以存續。而這個根本，就是你的存在意義。

從「不是你也無所謂」到「非你不可」

在第七章，我提到在數位轉型不斷發展的社會裡，人類的工作就是「持續提供有意義的工作」，而這項工作未來會變得越來越重要。在今後的世界，它更會因為是「人的工作」而更有意義。

接收人工智能的指令而推行的工作，在「非你不可」的這層意義上，會越來越薄弱。畢竟就算是任何人來做，都有同樣的效率和精密度，數位轉型才有意義。

對人類來說，這樣的商業社會，又有什麼樣的意義？

社會學家宮台真司和經營學家野田智義在著作《經營領導人的社會體系論》（「経営リーダーのための社会システム論」，光文社）中，就使用了「系統界的全域化」、「過剩流動性」、「取代的可能性」等概念，討論這個問題。

系統會囊括從商業到私人的所有領域，所有人都可以被取代。在取代的狀況過度發達的社會裡，人們會失去自己的存在意義。比方說，如果任何人都只要聽從人工智能的指令就好，那麼就算是換個人來做，也不會有什麼問題。僱用方可以隨時找到人替代，而受僱者則隨時處於「就算不是你也無所謂」的狀態。

例如，很多網路購物的買賣也是這樣。人們只要當下有什麼需要，就會立刻掏出手機，立刻在網路上下單購買。需要的只是其中的便利性，甚至根本不會記得自己是在哪一家店買的。

如果隨時都可以被替換，那麼「就算不是你也無所謂」，難道不也是一種難以言喻的不安因素嗎？

原物料一片漲聲，依舊安心做生意

在本書一開頭就登場的「Value 通販網購」的久保，曾說過這麼一席話。

對於像他們這樣的電商業者來說，這次的價格暴漲，其實在不久之前也曾發生過。二〇一七年，各家運輸業者因為包裹數量大增造成人手不足，也為了改善勞動環境，合約運費一律大幅調漲。當時市面上都把這個狀況稱為「宅配危機」。當時他公司的合約運費，也一口氣漲了兩到三倍。

對電商公司來說，運費就是生命線。當時的狀況讓久保覺得就像生命線斷了一樣，不知道是否會有將來，每天都因為不安而胃痛。他的妻子十分了解當時的狀況，也形容他那段時間一直鬱鬱寡歡。

但是，在現在這一次的漲價潮中，久保卻說自己完全不會不安，這是為什麼？他本人是這麼說的。

他說，自己學會了本書提到的內容後，重新發現過去的自己都只看商品與價格，而不是看著「人」。因此他從這一點開始，逐漸將軌道從「把東西便宜賣，以此運作的網路購物」，轉換到「提供快樂的網路購物」。

這麼一來，便有越來越多顧客對這個概念產生共鳴，並且送上溫馨的反饋：「我這次的購物經驗很愉快！」也讓他確信這樣的路線是對的。逐漸的，他也不再在意其他店家的販售價格了。

正因為有這樣的過程，從二〇二一年年底開始，他又收到了批發價格上漲的通知。一開始，他樂觀的認為，大概到二〇二二年春天，這波漲價的浪潮就會退去了。但是一直到二〇二二年九月，他仍收到各種漲價通知。

進貨的價格已經成了時價。過去起始於運送業者的漲價潮，這次則是從製造商收到漲價通知，不過這次他完全沒有上次宅配危機時的不安，反而能很順利的提出販賣價格。而他不覺得不安的根源，究竟是什麼？

成為無法取代的存在

在本書開頭登場的酒店「朝日山千葉悅三商店」的老闆千葉也說，對於現在的情勢不會特別感到不安。事實上，這間店也開始漲價，業績卻沒有受到負面影響。

根據千葉表示，他們自家經手的酒類，其實網路上也都可以買得到。而且他們的店鋪位處東京都內，附近也有很多賣酒的店家。

但是他說：「前幾天也有一位常客，在買東西回家的路上到我們店裡，說道：『我今天買了竹筴魚！』因此我就推薦他買紅酒。」聽說經常會有這樣的客人上門，這間店已經扎根於他們的生活中了。並不是說這裡有其他店家買不到的商品，也不是說這裡的商品比其他地方便宜。但是，這間店卻在人們的生活裡扎根。千葉說：「進貨價儘管一直提高，但我只是努力打造一間更有價值的店而已。」

第六章最後提到的鞋店「footloose」也是如此。他們告訴我，慶祝十週年的花瓣小卡上，寫滿了顧客各式各樣的感謝留言。除此之外，還有很多小卡上這麼寫著：

「很慶幸自己遇到一間值得信賴、隨時都能光顧的店。」

「footloose 是我們鎮上的寶藏。接下來的十年也務必經營下去。」

「希望這間店和妹尾夫妻能一直在這裡，也希望這間店就是 footloose。」

老闆妹尾夫婦對顧客來說就是專家。而且同時對客人來說，非得是他們不可，是無可取代的存在。他們以這樣的樣貌，扎根於顧客的生活中。正因為如此，他們心中沒有不安。

宮台在先前提到的那本書中，提出「生活世界」，作為「系統世界」的對比概念。根據宮台所說，所謂的生活世界，是宛如當地商店一般、社群性的東西。在那裡，無論是溝通或者人際關係，都是看得到臉的。在過去，人類的社會當中非常巧妙的參雜著生活世界與系統世界。人類活得像人類，自己有個場合可以做自己。

但是到了今天，系統急速的覆蓋整個社會全域，人類社會已被侵蝕。而價格上漲時代又來臨，讓我們不得不面臨問題。

你的存在意義，就是商品價格的原點

在我周遭開始推行專業經商的人，經常會說一句話，就是「工作變得更有趣了」。實際上，本書裡出現的所有人，都經常會說這句話。

工作絕非都是有趣、快樂的，這個道理實在不需要我多說什麼。事實上在這個社會中，其實持續工作反而有更多辛苦的一面。但是他們說的這種有趣的狀況，正是「痛苦的有趣」。為什麼他們會覺得工作變有趣了？

其中一個理由，當然就是業績變好了。但除此之外，他們還很高興的覺得自己對顧客來說，已經變成無可替代的存在，以及切身感受到自己存在意義的喜悅。

而且還有一項：可以提高售價。

儘管提高價格，賣得比其他地方還貴，但客人還是想把這項工作委託你、想要向你購買商品，因為這裡有你才能創造的價值。因為顧客這麼認為，因此能提高價格。

這麼一來，價格上漲時代，也可以說是考驗你能否成為獨一無二的時代。這個考驗其實是機會，從現在開始詢問自己，立刻行動都不嫌遲，因為一切都會始於你現在踏出的腳步。而且，就像我先前提到的，任何人都能成為這樣的存在。重要的是，發掘沉睡在你心裡的種子，並讓它綻放開花。

國家圖書館出版品預行編目（CIP）資料

漲價學：「反映成本」不是理由，怎麼讓消費者同意「我要漲價」？商學院沒教的漲價學：東西變貴，顧客更想買。/ 小阪裕司著；郭凡嘉譯 . -- 初版 . -- 臺北市：大是文化有限公司，2023.10
224 面；14.8×21 公分 . --（Biz；442）
ISBN 978-626-7328-89-7（平裝）

1.CST：銷售　2.CST：價格策略　3.CST：行銷策略

496.6　　112013675

Biz 442

漲價學

「反映成本」不是理由，怎麼讓消費者同意「我要漲價」？商學院沒教的漲價學：東西變貴，顧客更想買。

作　　者／小阪裕司
譯　　者／郭凡嘉
校對編輯／張祐唐
美術編輯／林彥君
副 主 編／劉宗德
副總編輯／顏惠君
總 編 輯／吳依瑋
發 行 人／徐仲秋
會計助理／李秀娟
會　　計／許鳳雪
版權經理／郝麗珍
行銷企劃／徐千晴
業務專員／馬絮盈、留婉茹、邱宜婷
業務經理／林裕安
總 經 理／陳絜吾

出 版 者／大是文化有限公司
臺北市 100 衡陽路 7 號 8 樓
編輯部電話：（02）23757911
購書相關諮詢請洽：（02）23757911 分機 122
24 小時讀者服務傳真：（02）23756999
讀者服務 E-mail：dscsms28@gmail.com
郵政劃撥帳號：19983366　戶名：大是文化有限公司
法律顧問／永然聯合法律事務所
香港發行／豐達出版發行有限公司 Rich Publishing & Distribution Ltd
香港柴灣永泰道 70 號柴灣工業城第 2 期 1805 室
Unit 1805, Ph.2, Chai Wan Ind City, 70 Wing Tai Rd, Chai Wan, Hong Kong
Tel：2172-6513　Fax：2172-4355　E-mail：cary@subseasy.com.hk

封面設計／林雯瑛
內頁排版／陳相蓉
印　　刷／鴻霖印刷傳媒股份有限公司
出版日期／ 2023 年 10 月初版
定　　價／ 390 元（缺頁或裝訂錯誤的書，請寄回更換）
I S B N ／ 978-626-7328-89-7
電子書 I S B N ／ 9786267328927（PDF）
9786267328934（EPUB）
Printed in Taiwan